生态环境
遥感技术及应用

王 琳 主编

许章华 刘智才 副主编

化学工业出版社
·北京·

内 容 简 介

根据生态环境等专业自身特点，本书以案例教学方式，选取了在生态环境领域热门的研究方向和案例进行指南式教学和跟进式分析，覆盖了植被监测、生态环境监测、碳排放估算、农作物产量估算和城市热岛效应分析等板块的实操应用；涉及了 ENVI、ArcGIS 等主流遥感与地理信息软件的操作步骤；包含了 Sentinel、Landsat、MODIS 等常用卫星遥感影像的处理策略。

本书理论与实践有效结合，具有较强的系统性、知识性和应用性，可作为高等学校生态环境、遥感、地理信息系统、人文地理、城乡规划及相关专业本科生、研究生教材，也可作为生态环境、自然资源、城乡规划等领域的工程技术人员、科研人员和管理人员的参考资料。

图书在版编目（CIP）数据

生态环境遥感技术及应用/王琳主编；许章华，刘智才副主编 .—北京：化学工业出版社，2023.9（2025.1重印）

ISBN 978-7-122-44052-5

Ⅰ.①生⋯ Ⅱ.①王⋯②许⋯③刘⋯ Ⅲ.①环境遥感-应用-生态环境-环境监测 Ⅳ.①X83

中国国家版本馆 CIP 数据核字（2023）第 159707 号

责任编辑：刘 婧 刘兴春	文字编辑：王文莉
责任校对：边 涛	装帧设计：韩 飞

出版发行：化学工业出版社（北京市东城区青年湖南街 13 号 邮政编码 100011）
印　　装：北京科印技术咨询服务有限公司数码印刷分部
787mm×1092mm　1/16　印张 15¼　彩插 3　字数 303 千字
2025 年 1 月北京第 1 版第 2 次印刷

购书咨询：010-64518888　　　　　　　售后服务：010-64518899
网　　址：http://www.cip.com.cn

凡购买本书，如有缺损质量问题，本社销售中心负责调换。

定　价：78.00 元　　　　　　　　　　　　版权所有　违者必究

前　言

遥感技术作为能够高效地探测、获取、分析和处理空间信息的先进手段，为人类更好地观测和认识地球系统提供了新的途径。它利用人造卫星或其他飞行器进行多角度、多时相、高精度、大范围的对地观测，被广泛应用于生态监测、环境保护、流域治理和资源探测等各行各业，产生了巨大的经济效益和社会效益。

"十四五"规划明确提出，要提升生态系统质量和稳定性，布局建设生态环境信息系统，打造全球覆盖、高效运行的通信、导航、遥感空间基础设施体系，深化国家空间地理等基础信息资源共享利用，这些都阐明了生态环境遥感技术在国家未来发展规划中的重要地位。与发达国家相比，我国在生态环境领域的遥感技术应用尚不广泛、深入，还有一定的差距。相信凭借我国"十四五"规划和科技发展的东风，以及所有有志之士的共同努力，改变这一局面指日可待。

遥感技术是一门实践性、技术性很强的学科，除了学习理论基础知识外，更需要具有熟练运用各种遥感软件处理栅格影像、矢量图层和完成实际专题的能力。但目前，遥感技术在应用中普遍存在理论艰深晦涩、专业应用软件学习时间成本高、用户对日新月异的遥感技术"主动研究"兴趣不足的问题。根据生态环境等专业自身特点，要解决以上问题，教材的撰写模式和传导方法是关键。对教学传导方法而言，案例教学法无疑为首选。

根据生态环境等专业自身特点，本书第4～9章以"案例情景"为主线（案例编号即为对应标题编号），选取了在生态环境领域热门的研究方向和案例进行指南式教学和跟进式分析，覆盖了植被监测、生态环境监测、碳排放估算、农作物产量估算和城市热岛效应分析等板块的实操应用。学习起点低，即使是零基础的初学者，也能根据本教材的步骤和数字索引一步步得出理想结果。同时，适合碎片化学习、按需学习、按成果练习。需要指出的是，本书中所出现的地理图像及遥感影像（包括但不限于软件操作窗口界面、影像显示或计算结果），均为展示操作过程，不具有任何行政界线指示功能。

本书由王琳任主编，许章华、刘智才任副主编。全书具体分工如下：第1～3章主要由王琳编写；第4～6章主要由许章华、刘智才、陈欣和欧彩虹编写；第7～9章主要由王琳、郑伟雯、陈海燕和李叶繁编写。图书编写过程中的数据整理和资料收集得到了雷恒钢、王文佳、欧彩虹、邓晓辉和林中原的鼎力支持和帮助。全书最后由王琳完成统稿并定稿。

限于编者水平及时间仓促，书中不足和疏漏之处在所难免，敬请读者提出修改建议。

编者
2023 年 3 月

目 录

第 1 章 生态环境遥感概述 — 1

1.1 遥感技术 — 1
    1.1.1 遥感的定义 — 1
    1.1.2 遥感技术的特点 — 2
    1.1.3 遥感的分类 — 3
    1.1.4 遥感技术的发展 — 9

1.2 生态环境遥感及其应用 — 12
    1.2.1 城市生态环境遥感 — 13
    1.2.2 农业生态环境遥感 — 15
    1.2.3 林业生态环境遥感 — 15
    1.2.4 生态环境灾害监测 — 16

第 2 章 遥感技术基础 — 17

2.1 电磁辐射与地物光谱特征 — 17
    2.1.1 电磁波谱与电磁辐射 — 17
    2.1.2 太阳辐射与大气校正 — 23
    2.1.3 地球辐射与地物光谱 — 30

2.2 遥感影像分辨率与影像选择原则 — 34
    2.2.1 遥感影像分辨率 — 34
    2.2.2 常用的生态环境卫星遥感数据 — 37
    2.2.3 遥感影像选择原则 — 48

第 3 章 遥感指数 — 51

3.1 植被指数 — 51
    3.1.1 基于波段简单线性组合的植被指数 — 51

3.1.2　消除影响因子的植被指数 ·············· 52
　　3.1.3　针对高光谱遥感及热红外遥感的植被指数 ·············· 54
3.2　水体指数 ·············· 55
　　3.2.1　差值型水体指数 ·············· 55
　　3.2.2　比值型水体指数 ·············· 56
3.3　建筑指数 ·············· 57
　　3.3.1　归一化建筑指数（NDBI） ·············· 57
　　3.3.2　新型建筑用地指数（IBI） ·············· 58
　　3.3.3　增强的指数型建筑用地指数（EIBI） ·············· 58
3.4　不透水面指数 ·············· 59
　　3.4.1　不透水面指数（ISA） ·············· 59
　　3.4.2　归一化差值不透水面指数（NDISI） ·············· 59
　　3.4.3　增强型不透水面指数（ENDISI） ·············· 60

第4章　基于SNAP平台的哨兵-2数据大气校正

4.1　哨兵-2数据格式 ·············· 61
4.2　SNAP软件平台 ·············· 61
　　4.2.1　Sentinel-2 Toolbox的下载和安装 ·············· 62
　　4.2.2　大气校正插件Sen2Cor的下载和安装 ·············· 65
4.3　大气校正（GUI模式） ·············· 69
　　4.3.1　打开并浏览影像 ·············· 69
　　4.3.2　执行大气校正 ·············· 71
4.4　大气校正（命令行模式） ·············· 74
　　4.4.1　单幅影像校正 ·············· 74
　　4.4.2　批量影像校正 ·············· 78
　　4.4.3　哨兵-2 L1C影像大气校正万能脚本 ·············· 79
4.5　检查影像大气校正效果 ·············· 80
　　4.5.1　步骤1：文件夹检查 ·············· 80
　　4.5.2　步骤2：浏览展示校正后影像 ·············· 81
　　4.5.3　步骤3：并列同时显示校正前后的影像 ·············· 81
　　4.5.4　步骤4：利用大头针Pin功能定点和传输点位 ·············· 82
　　4.5.5　步骤5：利用光谱浏览器目视判断校正效果 ·············· 84
4.6　导出校正后影像到ENVI软件 ·············· 85
　　4.6.1　重采样 ·············· 85
　　4.6.2　剥离B10并重采样 ·············· 88

		4.6.3 波段合并	90
	4.7	索引	92
		4.7.1 本章各案例涉及的软件技巧和知识点	92
		4.7.2 本章各案例涉及的影像数据和过程数据索引	93
		4.7.3 本章各案例涉及的软件、插件和脚本索引	93

第 5 章　基于 GEE 和 Landsat 时序数据的森林干扰监测　95

	5.1	主要内容与技术路线	95
		5.1.1 主要内容	95
		5.1.2 技术路线	96
	5.2	研究方法	96
		5.2.1 光谱指数选取	96
		5.2.2 时间序列轨迹拟合算法	97
	5.3	研究区概况	98
	5.4	操作过程	98
		5.4.1 批量下载遥感影像	98
		5.4.2 干扰可视化	100
		5.4.3 干扰可视化影像处理	103
	5.5	Land Trendr 算法的验证	110
	5.6	索引	112
		5.6.1 本章各案例涉及的软件技巧和知识点	112
		5.6.2 本章各案例涉及的影像数据和过程数据索引	112
		5.6.3 本章各案例涉及的脚本索引	112

第 6 章　基于"源-汇"景观的城市热岛效应分析　126

	6.1	主要内容与技术路线	126
	6.2	研究区概况	127
	6.3	影像下载	127
		6.3.1 影像下载网址	127
		6.3.2 Landsat 8 影像下载	128
	6.4	影像预处理	128
		6.4.1 辐射定标	128
		6.4.2 FLAASH 大气校正	130
		6.4.3 图像镶嵌	137
		6.4.4 研究区裁剪及反射率还原	142

6.5 基于单通道算法反演地表温度 ·········· 145
    6.5.1 反演地表温度 ·········· 146
    6.5.2 影像镶嵌 ·········· 149
    6.5.3 影像裁剪 ·········· 150
    6.5.4 计算热岛强度 ·········· 150
6.6 "源-汇"景观因子计算 ·········· 152
    6.6.1 水体——MNDWI 指数 ·········· 152
    6.6.2 植被——NDVI 指数 ·········· 158
    6.6.3 不透水面——Vr NIR_BI 指数 ·········· 159
    6.6.4 其他土地提取 ·········· 161
6.7 结果分析 ·········· 167
    6.7.1 "源-汇"景观贡献度 ·········· 167
    6.7.2 景观效应指数 ·········· 168
6.8 索引 ·········· 169
    6.8.1 本章各案例涉及的软件技巧和知识点 ·········· 169
    6.8.2 本章各案例涉及的影像数据和过程数据索引 ·········· 169
    6.8.3 本章各案例涉及的软件、插件和脚本索引 ·········· 170

第 7 章 基于 RSEI 指数的自然生态环境监测   171

7.1 专题简介 ·········· 171
    7.1.1 研究区概况 ·········· 171
    7.1.2 主要内容与技术路线 ·········· 171
7.2 遥感影像数据获取 ·········· 173
    7.2.1 哨兵-2 数据获取方式 ·········· 173
    7.2.2 Landsat 8 数据获取 ·········· 175
7.3 研究方法 ·········· 175
    7.3.1 基本原理 ·········· 175
    7.3.2 指标的选取 ·········· 176
    7.3.3 综合指数构建 ·········· 177
7.4 图像预处理 ·········· 177
    7.4.1 大气校正 ·········· 177
    7.4.2 重采样与波段合成 ·········· 178
    7.4.3 图像镶嵌 ·········· 178
    7.4.4 图像裁剪 ·········· 178
    7.4.5 影像反射率还原及异常值去除 ·········· 178

7.5 生态因子计算 ———————————————————————— 180
　　7.5.1 湿度因子 ———————————————————————— 180
　　7.5.2 绿度因子 ———————————————————————— 180
　　7.5.3 干度因子 ———————————————————————— 180
　　7.5.4 热度因子 ———————————————————————— 183
7.6 RSEI 构建 ———————————————————————————— 184
　　7.6.1 生态因子归一化 ————————————————————— 184
　　7.6.2 主成分分析 ——————————————————————— 186
　　7.6.3 生态指数 ———————————————————————— 191
7.7 索引 ———————————————————————————————— 194
　　7.7.1 本章各案例涉及的软件技巧和知识点 ——————————— 194
　　7.7.2 本章各案例涉及的影像数据和过程数据索引 ——————— 195
　　7.7.3 本章各案例涉及的软件、插件和脚本索引 ———————— 195

第 8 章　基于 LUCC 的水土流失区碳排放时空演变及预测　196

8.1 研究区概况与数据源 ———————————————————— 196
　　8.1.1 研究区概况 ———————————————————————— 196
　　8.1.2 数据源 ————————————————————————— 196
8.2 主要研究内容与技术路线 —————————————————— 197
8.3 数据预处理 ————————————————————————— 198
　　8.3.1 辐射定标 ———————————————————————— 198
　　8.3.2 大气校正 ———————————————————————— 198
　　8.3.3 影像裁剪 ———————————————————————— 199
8.4 监督分类 —————————————————————————— 199
　　8.4.1 定义训练样本 —————————————————————— 199
　　8.4.2 执行监督分类 —————————————————————— 202
　　8.4.3 分类后处理 ——————————————————————— 203
8.5 土地利用变化分析 ————————————————————— 205
　　8.5.1 土地利用变化矩阵 ———————————————————— 205
　　8.5.2 土地利用动态度 ————————————————————— 206
8.6 碳排放时空变化分析 ———————————————————— 207
　　8.6.1 碳排放测算 ——————————————————————— 207
　　8.6.2 碳排放风险指数 ————————————————————— 208
　　8.6.3 碳排放压力指数 ————————————————————— 208
8.7 灰色分析 —————————————————————————— 208

8.7.1 灰色关联度 — 208
8.7.2 灰色预测模型 — 210
8.8 制图 — 211
8.8.1 专题图制作 — 211
8.8.2 折线图制作 — 213
8.9 索引 — 214
8.9.1 本章各案例涉及的软件技巧和知识点 — 214
8.9.2 本章各案例涉及的影像数据和过程数据索引 — 214

第9章 基于GIS的冬小麦面积提取 — 215

9.1 主要内容与技术路线 — 215
9.2 研究区概况 — 216
9.3 数据简介 — 216
9.3.1 获取途径 — 216
9.3.2 数据格式 — 216
9.4 数据预处理 — 217
9.4.1 加载影像 — 217
9.4.2 裁剪MODIS数据 — 219
9.4.3 变换坐标系 — 220
9.4.4 数据拉伸 — 221
9.5 选择采样点，分析冬小麦生长趋势 — 223
9.5.1 步骤1：新建点图层 — 223
9.5.2 步骤2：提取属性值 — 224
9.5.3 步骤3：导出属性表，获取冬小麦趋势图 — 225
9.6 冬小麦提取 — 226
9.6.1 步骤1：计算差异植被影像 — 226
9.6.2 步骤2：设置阈值，提取冬小麦 — 227
9.7 索引 — 228
9.7.1 本章各案例涉及的软件技巧和知识点 — 228
9.7.2 本章各案例涉及的影像数据和过程数据索引 — 228

参考文献 — 229

第1章

生态环境遥感概述

1.1 遥感技术

1.1.1 遥感的定义

遥感（remote sensing，RS），从字面意思理解即为"遥远的感知"。从广义来说，"遥感"可以解释为利用传感器通过远距离、非接触的方式，接收来自目标物体的各类电磁信息，包括力场、磁场、电磁波、地震波、声波等。但一般来说，"遥感"只接收电磁波信息，其本质是探测地球表面物体发射或反射的电磁波。由于不同物体之间具有不同的电磁波谱特性，人类通过对电磁波所传递来的信息进行记录、分析、判读等过程后实现对物体形状、大小、状态等特性的识别，从而达到遥远地感知事物的目的。

遥感技术最早起源于20世纪60年代，是一门以航空摄影技术为基础的新兴的、综合性的对地观测技术。早期以搭载飞机、热气球等航空遥感平台为主，后来逐渐发展实现了以人造卫星为主要搭载平台的航天遥感。经过几十年的迅猛发展，遥感技术已广泛覆盖地质学、气象学、农学、环境学等众多领域，对推动社会经济发展、国防建设、资源开发、环境保护起到了重要作用。

不同学者对"遥感"给出了不同的定义，例如：

遥感是一门对传感器所记录的影像进行获取、处理、解译的科学。该影像记录了电磁能量和地物之间交互的结果（Sabins Jr，1986）。

遥感作为一门科学兼艺术，其目标是通过对特定的设备获取的数据进行分析，从而获取有关特定对象、区域或现象的信息，同时该设备不与观测目标直接进行接触（Lillesand et al.，2015）。

遥感是远距离观测地球表面，并进一步对所观测的影像和数据进行解译，从而获取观测对象的目标信息的设备、技术和方法（Giri，2012）。

通过遥感平台，应用各种传感器获取地表信息，进一步通过数据的传输处理实现研究地面物体形状、大小、位置、性质及其环境相互关系的一门科学（赵英时，2013）。

根据遥感的特点，本书将遥感定义为：应用探测仪器，不与探测目标相接触，从远处把目标的电磁波特性记录下来，通过分析揭示出物体的特征性质及其变化的综合性探测技术。

1.1.2 遥感技术的特点

（1）大范围同步对地观测

地表存在自然条件复杂、生存环境恶劣的区域，如极地、荒漠、沼泽等，这些区域的实地考察往往困难重重且耗资巨大。遥感技术的出现解决了这一难题。飞行器以及人造卫星上所获取的地表遥感影像不受地形和自然条件影响，使我们观察到连续、大范围的地面景象。例如，一幅美国陆地资源卫星 Landsat TM 影像就可显示 3 万多平方千米的地面景象，若进一步对连续影像进行镶嵌，则可实现全国乃至全球的地面观测。对生态环境的宏观监测来说，遥感技术能实现大范围的同步观测，这一优势是无法替代的。

（2）空间尺度、分辨率动态可选

伴随着传感器技术、计算机技术、航天技术的进步，遥感技术迅猛发展，对地观测卫星的数量及其传感器的空间分辨率、光谱分辨率等均大幅提高。以陆地资源卫星的对地观测数据为例，其空间分辨率从 1972 年开始的 78m，到 1982 年的 30m，到 1986 年的 10m，再到 1999 年的亚米级高分辨率数据，使得陆表信息识别和分类监测精度得到显著提升。学者们可根据研究内容所要求的观测尺度来选择合适的分辨率。

（3）时效性强

卫星遥感对陆表生态环境的监测时效性取决于卫星遥感数据源的时间分辨率，也就是卫星的重访周期。重访周期越短、时间分辨率越高、监测时效性就越强。现有的主要卫星遥感数据源时间分辨率范围在小时级到月级别之间。其中小时级别时间分辨率代表性的卫星遥感数据有美国的 AVHRR 系列和 MODIS 系列以及中国的 FY 系列等，通过两颗星上下午组网可以实现一天 2 次的全球覆盖，可用于气象观测、植被覆盖、生物量、热岛效应、水体分布等的监测。相比于传统的地面监测，遥感在减少人力、物力损耗的同时大大提高了观测的时效性，在灾情预报、军事侦察等活动中提供了有力的数据支持。

（4）电磁信息丰富多样

遥感技术所应用的波段不仅包含可见光波段，还涵盖了紫外线、红外线、微波等人类肉眼无法直接观测的波段。利用不同波段对物体的不同穿透或反射特性，可获取地物内部结构信息，例如水下、植被、地下地质的情况等；微波波段还可以进行全天候工作。人们可以根据不同的工作目的选择合适的探测波段来提取所需的地物信息。

(5) 经济效益高

遥感技术能反复地、大规模地以低成本的方式收集数据，尽管有些平台需要用户承担遥感处理软件以及遥感影像的费用，但总体来看，遥感技术还是一种经济效益颇高的空间采集技术。根据经济学类核心期刊 *Journal of Economic Perspectives* 所统计的数据，遥感数据被广泛应用于森林覆盖、地形、污染、夜晚灯光、降水等领域（Donaldson and Storeygard，2016）。可想而知，如果在没有遥感数据的支撑下对这些变量进行实地测量，成本将难以估算。

1.1.3 遥感的分类

(1) 按平台高度

按照遥感平台的高度可大体分为地面遥感、航空遥感、航天遥感、航宇遥感。

1) 地面遥感

主要指以高塔、车、船为平台的遥感技术系统，地物波谱仪或传感器安装在这些地面平台上，可进行各种地物波谱测量，如图 1-1 为遥感塔，图 1-2 为遥感车。

图 1-1　遥感塔

2) 航空遥感

主要指在飞艇、飞机以及其他航空器等空中平台上搭载传感器进行测量，航空遥感所用飞机如图 1-3 所示。

图 1-2 遥感车

 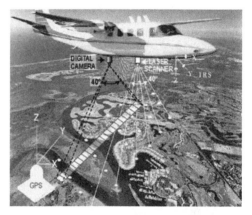

图 1-3 遥感飞机

3）航天遥感

指利用各种太空飞行器为平台的遥感技术系统。卫星遥感为航天遥感的重要组成部分，以人造地球卫星作为遥感平台（图 1-4），主要利用卫星对地球和低层大气进行光学和电子观测。此外，航天遥感平台也包括载人飞船、航天飞机和太空站等。

4）航宇遥感

将传感器置于宇宙飞船或各种行星探测器上，指对地月系统外目标的探测。如图 1-5 所示为 NASA（美国航空航天局）火星探测器"洞察号"。

表 1-1 收集了不同类型遥感平台的大体高度及用途。

图 1-4　人造地球卫星

图 1-5　NASA 火星探测器"洞察号"

表 1-1　各类遥感平台高度及用途

遥感平台	高度	目的/用途
地面测量车	0～30m	地物光谱采集、地面实况调查
无人机	500m 以下	调查及摄影测量
飞艇	500～3000m	空中侦察、摄影
中低高度飞机	500～8000m	调查及航空摄影测量
高度喷气机	10000～12000m	大范围侦察调查
航天飞机	240～350km	不定期地球观测空间实验
人造地球卫星	400～36000km	对地陆表及气象探测
宇宙飞船	远离地球	行星探测

（2）按工作波段

遥感可利用的电磁波谱（如图1-6所示）分为可见光/反射红外遥感、热红外遥感、微波遥感三种类型。

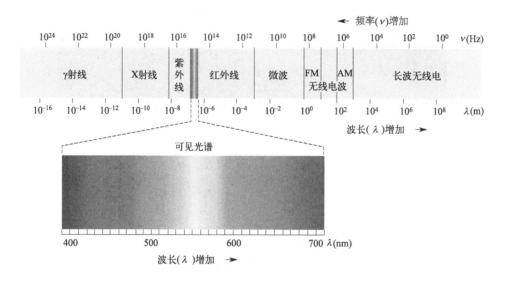

图1-6　电磁波谱段

1）可见光/反射红外遥感

主要指可见光（0.4～0.7μm）和近红外（0.7～2.5μm）波段的遥感技术统称。可见光是为人肉眼可见的波段，反射红外波段需要特定的传感器来接收。两者的共同点是其辐射源均来自太阳，在这两个波段上只反映地物对太阳辐射的反射，根据地物反射率的差异，就可以获得有关目标物的信息，它们都可以用摄影方式和扫描方式成像。

可见光遥感影像如图1-7所示。

2）热红外遥感

指通过红外敏感元件，探测物体的热辐射能量，显示目标的辐射温度或热场图像的遥感技术统称，一般指8～14μm波段范围。地物在常温（约300K）下热辐射的绝大部分能量位于此波段，在此波段地物的热辐射能量大于太阳的反射能量。热红外遥感具有昼夜工作的能力。

热红外遥感影像如图1-8所示，越亮的地方代表温度越高。

3）微波遥感

是波长1～1000mm电磁波遥感的统称。通过接收地面物体发射的微波辐射能量，或接收遥感仪器本身发出的电磁波束的回波信号，对物体进行探测、识别和分析。微波遥感的特点是对云层、地表植被、松散沙层和干燥冰雪具有一定的穿透能

图 1-7 可见光遥感影像

图 1-8 热红外遥感影像

力,又能夜以继日地全天候工作。

微波遥感影像如图 1-9 所示。

(3) 按工作方式

根据遥感探测工作方式不同,可将其分为主动遥感和被动遥感。

主动遥感指由探测器向目标物主动发射一定波长的电磁波,然后接收并记录目标的后向散射信号；被动遥感则不向目标物发射电磁波，仅被动接收目标物反射太阳辐射或自身发出的电磁波能量。

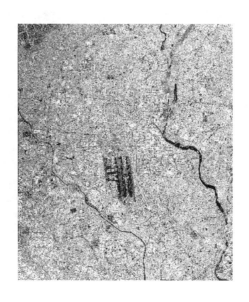

图 1-9　微波遥感影像

主动遥感和被动遥感的区别如图 1-10 所示。

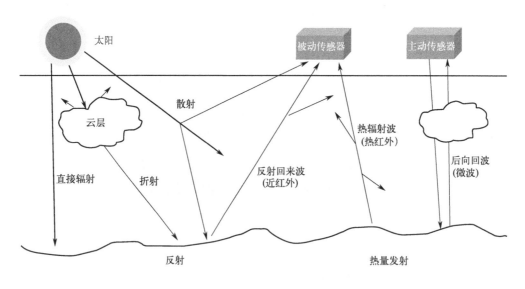

图 1-10　主动遥感和被动遥感的区别

（4）按应用目的

按遥感应用的空间尺度来分类，可分为全球遥感、区域遥感和局地遥感（如城市遥感）；按遥感应用的空间领域来分类，可分为外层空间遥感、大气层遥感、地球表面遥感；按遥感应用到的具体的行业领域来分类，又包括了生态环境遥感、灾害遥感、军事遥感等。

1.1.4 遥感技术的发展

1961年，密歇根大学的威罗·兰（Willow Run）实验室在美国国家科学院和国家研究理事会的资助下召开了"环境遥感国际讨论会"。在此之后，遥感作为一门新兴学科，在世界范围内快速发展。

（1）遥感的萌芽阶段（1608~1609年）

1608年，汉斯·李波尔赛制造了第一台望远镜，随后1609年伽利略制造了观测距离更远的科学望远镜。望远镜的发明开创了远距离观测的先河，但还不具备将观测事物记录下来的能力。

（2）摄影遥感阶段（1800~1945年）

1800年，英国天文学家威廉姆·赫胥尔（Willian Herschel）发现了红外线，为红外遥感理论奠定基础。

1839年，达盖尔（Daguerre）摄影法的问世成为了地面遥感开始发展的阶段性标志。

1858年，G.F. 陶纳乔（Gaspard Felix Tournachon）用系留气球拍摄了法国巴黎的鸟瞰黑白照片，被视为现代意义上航空遥感的起源。

1903年，莱特兄弟（Wilbour Wright & Orvilke Wright）发明滑翔机，真正意义上促进了航空遥感平台的应用。

1909年，W. 莱特（Wilbour Wright）用一个被安装在重飞行器上的电影摄影机拍摄了意大利森托塞尔上空的画面，从而完成了历史上第一部运用航拍技术的无声电影。

在第一次世界大战期间，航空摄影成了重要的军事侦察手段，个别侦察员开始在侦察机上用相机拍摄敌人的行踪和防卫系统，航拍技术迅速取代了侦察员的草图手绘方法，与此同时，像片的判读水平也得到了提高。

1924年，彩色胶片的出现使航空摄影所记录的地面信息更为丰富，提高了目视判断的能力，为后来的航空遥感打下基础。

第一次世界大战积累的经验让德、英等国充分意识到空中侦察和航空摄影的重要军事价值，因此在第二次世界大战前期航空摄影就在侦察敌情、部署军事行动上取得实际效果。

第二次世界大战中，开始了可见光以外电磁光谱的应用，其中微波雷达的出现以及红外技术被应用于军事侦察中，使遥感探测的电磁波谱段得到了扩展。

第二次世界大战及其以后，一些著作如1941年J.W. 巴格莱（Bagley）的

《航空摄影与航空测量》、A. J. 厄德莱（Eardey）的《航空像片：应用与判读》对航空遥感的理论和方法进行了总结。前者针对航空测量的方法进行了探讨，后者讨论了航空像片中一些地物，包括植被特征的判读。

（3）航天遥感阶段（1957年至今）

1957年10月4日，苏联于拜科努尔航天中心发射了斯普特尼克1号，这是第一颗进入行星轨道的人造卫星，标志着人类从外层空间观测地球和探索宇宙奥秘进入了新纪元。随后的1959年9月，美国发射的"先驱者2号"探测器拍摄了地球云图，10月苏联的"月球3号"航天器拍摄了月球背面照片。1960年4月1日，美国发射了第一颗气象卫星泰罗斯-1（Tiros-1），随后苏联也发射了自己的气象卫星。从此，气象学进入了新时代的同时航天遥感也取得了重大进展。1972年7月23日，陆地卫星1号于加利福尼亚的范登堡空军基地发射，是世界上第一颗用于监测和研究地球陆地的地球观测卫星。从此，陆地卫星遥感之路开启，陆地卫星（Landsat）系列应运而生。1972~2021年，已发射9颗陆地卫星。

随着航天技术和遥感传感器技术的不断更新，航天遥感的发展仍在继续，主要表现在以下几个方面。

1）遥感空间平台方面

20世纪航空遥感平台已呈多维度、规模化发展。迄今为止，全球已发射的卫星和其他空间飞行器共有6000余个（童庆禧 等，2018），包含飞出太阳系进入星际空间的"旅行者"1号、2号，以及载人飞船、载人太空实验室、国际空间站、返回式卫星等以空间轨道卫星为主的航天平台，还有往返于地面与空间的航天飞机。空间轨道卫星中包含有地球同步轨道卫星、地球静止轨道卫星、太阳同步轨道卫星，以及一些低轨、高轨卫星。随着战争结束，遥感开始趋于民用化，各式遥感卫星的数据更多地被应用于资源探测、环境监测、灾害评估等。从商业卫星遥感角度来看，有共享数据的公益性卫星、高质量数据的商用大型卫星，也有大批量高频次遥感数据的小卫星群（赵忠明 等，2019）。总体而言，不同运行轨道、不同应用目的、不同数据类型的卫星构成了对地球和宇宙多角度、多周期的观测。

2）传感器方面

传感器技术的发展体现在不同方面，最直观的便是辨识的空间分辨率的提高。越高的空间分辨率包含的地物形态就越加丰富，能识别的目标就越小。目前美国的WorldView-4卫星提供的0.3m分辨率图像已达到"亚米级"空间分辨率。同时，成像光谱技术的出现使传感器探测的波段愈加精细，感测的波段数量延伸至数百甚至上千个，能够探测到原来在宽波段中不可探测的物质，在实际中可用于对矿物成分识别、反演植被、水体理化参数等。成像雷达所获取的信息向多极化、多角度、多频率发展，从传感器成像和数据获取能力来看，合成孔径雷达（synthetic aperture rader，SAR）技术发展在经历了单波段单极化 SAR、多波段多极化 SAR、极化 SAR 和干涉 SAR 3 个阶段后，如今已经进入新的发展时期，新一代 SAR 具备双/多站或星座观测、极化干涉测量、高分宽幅测绘以及三维结构信息获取等先进成像技术，它们将在全球环境变化、全球森林监测、全球水循环和碳循环、城市三维信息获取以及对月探测等领域中发挥更加重要的作用（张兵，2017）。另一方面，激光雷达（LiDAR）所测地物距离、高度与遥感成像的结合也大大提升了地物的三维结构获取能力。

3）遥感信息处理平台方面

遥感信息通常以图像的形式出现，在摄影成像、胶片记录的年代，光学处理和光电子学影像处理起主导作用。此后随着遥感空间平台、传感器技术的研究日益深入，所获取的数据源往往具备大容量、多类型、难辨识、高维度、多尺度、非平稳等特点（朱建章 等，2016），这对新时代遥感图像处理系统平台提出了新的技术要求。而以云计算、大数据、人工智能等为代表的新技术与功能强大的专业图像处理软件相结合，将为遥感图像处理注入新的活力。以 ERDAS IMAGINE、ENVI 和 PCI Geomatica 为代表的通用遥感图像处理软件平台，已成为专业用户遥感应用不可或缺的系统平台，这些软件平台在可扩展性、专业化程度、智能化水平、软硬结合等方面不断完善，以适应遥感技术的发展。可扩展性具体表现为灵活部署、二次开发能力以及与 GIS 系统平台一体化等方面。与此同时，支持向量机、K 均值聚类等机器学习算法已在遥感图像处理软件平台成功运用多年，并且随着深度学习模型在图像处理领域取得了重大进展。一些主流的遥感数据平台也开始将深度学习算法集成到平台中，这使信息处理、识别更趋于智能化。如 ERDAS IMAGINE 在其优势模块空间建模模块中提供了基于 Faster RCNN 的目标检测，ENVI 基于 TensorFlow 构建了专门的深度学习模块，并在风力发电塔架叶片损坏、农作物识别、地震灾害评估等方面开展了应用（赵忠明 等，2019）。此外，为了减轻计算机负荷，提高处理效率，如 Google Earth Engine、Data Cube 等遥感图像处理系统云平台应运而生，这些云平台基于云计算技术，整合遥感数据和处理技术，将各类卫星遥感产品、软件、计算及存储资源作为公共服务设施，为用户提供一站式的空间信息云服务，为遥感应用普及与商业模式建立带来了新的机遇。

4）遥感技术发展的趋势和展望

当今，遥感技术无论是在空间分辨率、光谱分辨率还是时间分辨率都已显现出高水平特征，并将继续开拓更多的应用领域。今后遥感技术的发展可能已不再是单一的技术，而是组合型的发展。

① 随着卫星资源的整合以及小卫星的蓬勃发展，多星组网、多种数据的综合和融合将进一步提升遥感的综合观测和综合应用能力。

② 创新发展，探求新的成像技术和成像模式，如太赫兹成像、单光子成像、

复眼光学成像、薄膜光学成像、高分辨率红外成像等。同时，为解决卫星使用时无法灵活调整参数以及遥感数据星上存储、星地数传和地面接收等卫星遥感任务环节的效率问题，需要大力发展和优化遥感成像参数自适应调节技术与星上数据实时处理与信息快速生成技术。

③ 与通信、导航更紧密结合，在获取目标高质量数据的同时实时生产信息，使人们可以像使用 GPS 一样随时用通信工具接收遥感卫星所传递的专业化、高时效性信息，从而形成"通、导、遥"的一体化，并融入当今智慧城市建设的新兴技术潮流，充分发挥遥感的独特作用，创造更多和更大的应用价值。

④ 发展卫星、临近空间（平流层）、航空（包括高、中、低空）相结合的多维、多级、多源遥感观测；卫星和航空（包括无人机）遥感的智能化。人工智能的应用将使下一代卫星大幅度提升机动和敏捷性能，提高星上智能处理水平；将人工智能引入遥感数据的处理和分析，分类和识别，使遥感应用更加智能化和智慧化。

⑤ 进一步强化遥感应用，并在协调和协同好各类卫星的同时，提高对数据的保障率。卫星遥感应用应走向业务化而不是脉冲式。应着力提高对包括自然灾害和人为灾害在内的灾害应对、监测、防灾、减灾、救灾应用，加强对重大灾害特别是对地震灾害的预测、预报和预警这一重大难题的攻关，应为缓解、减轻直到消除灾害对人们的威胁，保障人民生命财产的安全而不懈努力。

作为 21 世纪人类最新科学技术成就之一，目前遥感技术的发展已到达了一个新的平台。遥感的发展正在进入一个新的瓶颈期，需要新的突破。目前遥感虽已成为解决一系列经济社会发展重大问题的有力技术手段，但由于数据获取、产品类型和质量、处理分析速度、地物分类识别精度、满足需求的及时程度等还存在一定的局限性，尚难完全实现真正业务化、常态化、大众化，特别是对于人类大敌的灾害而言，如对地震的预测、预报和预警等难题，仍是束手无策。时代在前进，社会在发展，遥感科技人员注定还要继续努力，大力攻关，锐意进取，同时主动"拥抱"技术变革，主动"拥抱"行业知识，从而实现理论创新、技术创新、应用创新。中国遥感人更要发扬优良传统，不断提高我国遥感技术和应用水平，将遥感技术和应用融入我国时代发展的大潮，为国家的高质量发展，为数字中国和智慧社会的建设，为防灾减灾救灾工作，为中华人民走向更加幸福更加光辉的未来，贡献我们的全部力量。

1.2 生态环境遥感及其应用

生态环境遥感主要就是利用遥感技术定量获取大气环境、水环境、土壤环境和生态状况等专题信息，对生态环境现状及其变化特征进行分析判断，有效支撑生态环境管理和科学决策的一门交叉学科。

中国生态环境遥感经历了约 40 年的发展，应用领域逐步扩大、监测精度明显提升、监测时效大幅增强，对地观测卫星体系的时空分辨率取得飞跃发展，实现了由依赖国外数据向以国产数据为主的历史性转变。目前在城市生态环境遥感、农业生态环境遥感、林业生态环境遥感以及生态环境灾害监测等方面有着广泛的应用。

1.2.1 城市生态环境遥感

城市生态环境是国家生态文明和美丽中国建设的重要组成部分，遥感技术得益于其多时相、多光谱、广覆盖等诸多优点，在城市生态环境监测中发挥着重要的作用。在城市建设发展过程中，可以利用遥感技术有效识别城市热岛、监测与评估大气污染和水环境污染等，并能够提出相关决策意见，为新时代城市建设工作提供支持。

1.2.1.1 城市热岛

城市热岛效应（urban heat island effect）是指当城市发展到一定规模，由于城市下垫面性质的改变、大气污染以及人工废热的排放等使城市温度明显高于郊区，形成类似高温孤岛的现象（彭少麟，2005）。热岛效应最直接的负面后果与城市地区温度升高有关，特别是热浪的更高风险及其影响，包括城市居民死亡率和发病率的增加。中国 31 个城市热浪与死亡率的最新研究还表明，$PM_{2.5}$ 浓度越高的城市在热浪期间的死亡风险越高。这充分说明当前中国的城市热岛与空气污染已形成协同效应，严重威胁城市居住安全（邱国玉 等，2019）。

基于遥感技术的城市热岛监测方法主要有以下 3 类。

（1）基于温度的热岛监测方法

根据处理温度手段的不同又可以分为两类：基于亮度温度的监测方法和基于地表温度的监测方法。由于地表热辐射在其传导过程中受到大气和辐射面的多重影响，亮度温度同地表真实温度往往相差很大，因而使用亮度温度直接进行城市热岛研究有着很大的局限性（胡华浪 等，2005）。基于地表温度的监测方法在反演温度时基本考虑了大气和辐射面的多重影响，但由于城市下垫面异常复杂性，以及卫星过境时刻实时探空数据的获取不易，目前一般都是通过一些简化方法来获取比辐射率和大气参数等数据，求取地表温度。

（2）基于植被指数的热岛监测方法

Gallo 等（1993）首次运用由 AVHRR 数据获得的植被指数估测了城市热岛效应在引起城乡气温差异方面的作用。结果表明，同地表辐射温度一样，植被指数和城乡气温之间也存在明显的线性关系，而且在解释平均最低气温的空间变化方面更为有利。如周红妹等（2001）发现，城郊的地表温度与城郊最低气温差异的关系更加紧密且稳定，城郊间归一化差异植被指数（NDVI 指数）的差异可能成为导致城郊两种不同环境下最低气温差异的地表物理属性标志。但基于植被指数的监测方法也存在几个不可忽略的局限性：

① 研究区域城乡之间的高程差不能超过 500m；
② 冬季基本无绿色植被的区域无法适用；
③ 干旱气候条件下的城市地区无法适用。

（3）基于"热力景观"的热岛监测方法

该方法系陈云浩等（2002）借鉴景观生态学的研究方法，引入"热力景观"概念。在 GIS 和遥感技术的支持下，用景观的观点来研究城市热环境，建立了一套热环境空间格局与过程研究方法和评价指标体系，使用该方法对上海市热环境的空间格局和动态演变特征进行了分析，结果表明，热力景观随城市发展而日趋破碎、细化，人类活动对热力斑块有着巨大影响。另外，郭继强等（2020）也结合景观格局指数对 2000～2017 年南京市热环境格局进行分析，同时利用 CA-Markov 模型预测 2024 年南京市热岛等级分布。

1.2.1.2 水环境污染

水体的遥感监测是以污染水与清洁水的反射率不同以及出现在遥感影像上的颜色差异来监测水污染。影响水质的主要因子有水中悬浮物（浑浊度）、溶解有机物质、病原体、油类物质、化学物质和藻类（叶绿素、类胡萝卜素）等。根据水体的光学和温度特性，可利用可见光和热红外遥感技术对水体的污染状况进行监测。清澈的水体反射率比较低，往往小于 10%，水体对光有较强的吸收性。在进行水质监测时，可以采用以水体光谱特性和水色为指标的遥感技术。目前，遥感技术在水环境污染监测中的应用主要集中在水体浑浊度、城市污水、热污染、富营养化、石油污染等方面。

1.2.1.3 大气污染

大气遥感是利用遥感传感器来监测大气结构、状态及变化，不需要直接接触目标而进行区域性的跟踪测量，能够快速地进行污染源的定点定位，从而获得全面的综合信息。由于水汽、二氧化碳、臭氧、甲烷等微量气体成分具有各自分子所固有的辐射和吸收光谱，可通过选择合适的波段来测量大气的散射、吸收及辐射的光谱，然后，从其结果中推算出污染气体的成分。例如，白亮（2006）通过对几种主要大气污染物定量反演方法的分析，论述了定量遥感技术在福建省大气环境监测中的应用。曹国东（2010）根据大气环境遥感监测技术的工作方式和遥感平台的不同，简述了被动式空基遥感和主动式空基遥感在大气环境监测中的应用，并对未来大气环境监测的发展进行了展望。张莹等（2022）阐述了可协同监测对流层污染气体和大气颗粒物的主流遥感方法，对各个方法的适用场景以及优缺点进行了评述，总结并展望了大气污染监测方法的未来发展方向和趋势。

1.2.2 农业生态环境遥感

农业生产是在地球表面露天进行的有生命的社会生产活动。它具有生产分散性、时空变异性、灾害突发性等人们用常规技术难以掌握与控制的基本特点，这是农业生产长期来处于被动地位的原因（王人潮，2003）。

农业遥感监测主要以作物和土壤作为研究对象，作物、土壤所固有的光谱特性是农业遥感的理论基础，根据作物和土壤的光谱反射特性，可以实现对作物长势、作物品质、土壤有机质含量等方面的监测，根据各自不同的特点，结合遥感技术，可以实现多领域、多尺度、大范围的农业应用研究。

遥感技术在农业生态环境中的应用主要可以归纳为下列 4 类。

① 农作物估产。包括小麦、玉米、水稻、棉花等大宗农作物的长势监测和产量预测（Wardlow 等，2007；潘力 等，2021），也包括牧草地产草量估测、果树长势监测等。

② 农业资源调查。包括耕地资源、土壤资源等现状资源的调查（杨建锋 等，2012；宋奇 等，2021；蔡志文 等，2022），以及土地荒漠化和盐渍、农田环境污染、水土流失等动态监测（潘剑君 等，1999；Kumar et al.，2014；姚昆 等，2021），提供各类资源的数量、分布和变化情况，以及基于调查的各类资源评价，提出应该采取的对策，用于农业生产的组织、管理和决策。

③ 农业灾害预报。包括农作物病虫害、冷冻害、洪涝旱灾、干热风等动态监测（Rhee，2010；严四英 等，2021），以及灾后农田损毁、作物减产等损失调查和评估（Tapia Silva et al.，2011；李军 等，2020）。

④ 精准农业。主要是利用高空间分辨率的卫星数据进行农田面积和分布的现状调查（周楠 等，2021），以及针对农田精准化施肥、施药和灌溉进行的农田尺度的作物长势、病虫害和土壤水分等信息的监测（于丰华 等，2020）。

1.2.3 林业生态环境遥感

林业是遥感技术应用最早和最广泛的行业之一。由于林业工作本身具备的资源辽阔、通达性差、地形和结构复杂、生长周期长、业务化精度要求高等独特性，林业遥感已经成为一门相对独立的交叉学科，是林业调查的重要工具之一（黄华国，2019）。

基于遥感提取森林信息数据已经成为现代林业重要的技术途径之一，并在林业环境、林业生态、森林水文和森林资源规划等领域有广泛应用。林业遥感应用具体可分为森林组成（廖凯涛 等，2016；Kavzoglu et al.，2015；古晓威 等，2022）、结构（Bouvier et al.，2015；刘清旺 等，2016；宋佳音 等，2022）、动态和干扰（Hayashi et al.，2015；徐海舟 等，2016；李海萍 等，2021）、生产力监测（Gilabert et al.，2015；郭睿妍 等，2022）等几个方面，根据研究尺度及森林属性要求，选择不同光谱波长、空间分辨率、覆盖范围、重复频率和可用的历史记录等不同类型的传感器。随着高分辨率精细遥感技术的发展，不仅能获取森林资源管理的直接数据，更能进一步深入理解现有林分的状况和森林管理的生态机理，并结合经营目的选择合适的森林经营方法，而时间序列遥感数据的应用能有效解决森林经营管理成效评价和干扰监测的问题。

1.2.4 生态环境灾害监测

中国自然灾害十分频繁，具有灾害种类多、范围广、程度深、危害大等特点，给经济社会发展和人民生命财产安全带来严重影响，也给灾害相关部门快速、高效的决策提出了更高的要求（王福涛 等，2011）。遥感技术因其具有观测范围大、获取信息量大、速度快、实时性好、动态性强、不受地面恶劣地质环境影响等优点，在突发性生态环境灾害监测中得到越来越多的应用；同时，借助业务化的数据处理和信息提取手段，可以快速、实时、动态地监测大范围的灾区生态环境现状和变化，跟踪部分类型的自然灾害的发生、发展，为救灾指挥、灾害生态影响评价和灾后生态恢复重建管理工作提供重要技术支撑（万华伟 等，2014）。

灾害监测主要利用灾害的表现形式进行监测，对于造成死亡事件和很大经济损失的突发性灾害，主要利用多源数据融合进行及时有效的监测和评估；而对于影响面积比较大，持续时间比较长的缓发性灾害，主要利用长时间序列的数据从时间尺度上对灾害进行变化监测分析（曹飞 等，2020）。

第 2 章

遥感技术基础

2.1 电磁辐射与地物光谱特征

2.1.1 电磁波谱与电磁辐射

2.1.1.1 电磁波谱

(1) 电磁波的形成

根据麦克斯韦电磁场理论,当电磁振荡进入空间,变化磁场激起周围的涡旋电场,变化电场又在更远处激起涡旋磁场。交替产生的变化磁场和电场使电磁振荡以一定速率向前传播,这就是电磁波(孙家抦 等,2013)。

(2) 电磁波的特性

① 电磁波具有波粒二象性。波动性是指电磁辐射以波的形式在空间传播,具有波的特性(如干涉、衍射、偏振和散射等现象),可以用波长、速度、周期和频率来表征。而粒子性是指电磁波除连续波动状态外还能以离散形式存在,电磁振荡在与带电粒子相互作用时表现出一种能量、动量的不连续性。

② 电磁波是一种横波,其电场与磁场互相垂直并都与波传播方向垂直(见图2-1)。

③ 电磁波满足在真空中以光速传播,通过介质时会产生折射、反射、衍射、散射及吸收等现象。同频率的电磁波,在不同介质中传播的速度不同。不同频率的电磁波,在同一介质中传播时的速度也不同。

④ 电磁波的电场(或磁场)随时间变化,具有周期性。电磁波满足下式:

$$c = f\lambda \tag{2-1}$$

$$E = hf \tag{2-2}$$

式中　E——能量，J；
　　　h——普朗克常数，$h=6.626\times10^{-34}$ J·s；
　　　f——频率；
　　　λ——波长；
　　　c——光速，$c=3\times10^8$ m/s。

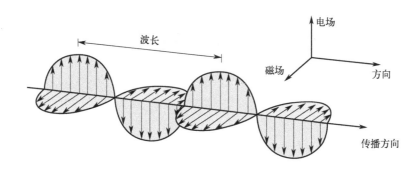

图 2-1　电磁波

（3）电磁波谱与遥感常用的电磁波段

γ射线、X射线、紫外线、可见光、红外线、微波、无线电波等都属于电磁波。按照电磁波在真空中传播的波长或频率，以递增或递减顺序进行排列，就构成了电磁波谱（见图 2-2，书后另见彩图）。

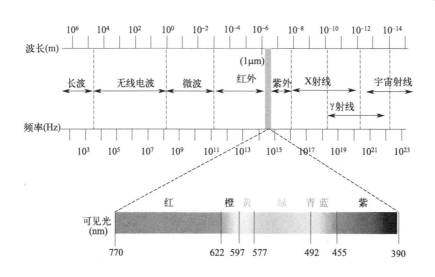

图 2-2　电磁波谱（朱京平，2018）

电磁波谱区段的界限是渐变的，一般按产生电磁波的方法或测量电磁波的方法来划分（见表 2-1）。

表 2-1 电磁波谱及其应用

波段		波长	应用
长波		>3000m	主要用于无线电通信和电磁扫描
中波和短波		10～3000m	
超短波		1～10m	
微波		1mm～1m	微波遥感，通过接收地面物体发射的微波辐射能量，或接收遥感仪器本身发出的电磁波的回波信号，对物体进行探测、识别和分析。微波对云层、地表植被、松散沙层和干燥冰雪具有一定的穿透能力，能够不受天气影响进行全天时全天候的监测
红外波段	超远红外	15～1000μm	热红外遥感，采用热感应方式对地物本身的热辐射进行探测。遥感中主要利用 3～15μm 波段范围，地物在常温(约300K)下热辐射的绝大部分能量位于此波段，可进行全天时遥感
	远红外	6～15μm	
	中红外	3～6μm	
	0.76～1000μm		
	近红外	0.76～3μm	近红外遥感，是在近红外波段通过地物对太阳辐射的反射获取信息。近红外遥感利用地物反射率的差异，可以获得有关目标物的信息，常用于植被、水体及水体污染监测，是遥感的常用波段
可见光	红	0.62～0.76μm	可见光遥感，遥感中最常用的波段，是被动遥感的主要探测波段。遥感中常用光学摄影方式接收和记录地物对可见光的反射特征，也可将可见光分为若干波段在同一瞬间对同一地物进行同步摄影获得不同波段像片并进行叠加，其中利用较多的是红、绿、蓝波段
	橙	0.59～0.62μm	
	黄	0.56～0.59μm	
	绿	0.50～0.56μm	
	0.38～0.76μm		
	青	0.47～0.50μm	
	蓝	0.43～0.47μm	
	紫	0.38～0.43μm	
紫外线		10^{-3}～3.8×10^{-1}μm	紫外遥感，主要应用于油污监测和碳酸盐探测，以及对大气密度成分结构和臭氧等三维分布的监测(王淑荣 等，2009)
X 射线		10^{-6}～10^{-3}μm	X 射线成像
γ 射线		<10^{-6}μm	全 γ 射线计数，γ 射线光谱测定

从表 2-1 可以看到，电磁波覆盖了从 γ 射线到无线电波的波长范围，被应用于通信工程、环境监测、气象研究、矿产勘查等多个领域。遥感采用的电磁波波段范围主要从紫外至微波波段，通过对地物发射和反射的不同波段电磁波谱的能量进行感测，获取目标区域或地物的图像。

2.1.1.2 电磁辐射

(1) 电磁辐射的度量与单位

遥感探测是对目标地物反射或辐射的电磁波能量的测定,为了定量描述电磁辐射定义了以下度量值(梅安新 等,2001)。

① 辐射能量(W):电磁辐射的能量,单位是 J。

② 辐射通量(Φ):在单位时间内通过一定面积的辐射能量,$\Phi = dW/dt$,单位是 W。

③ 辐射通量密度(E):单位时间内通过单位面积的辐射能量,$E = d\Phi/dS$,单位是 W/m^2;其中 S 为面积。

④ 辐照度(I):被辐射的物体表面单位面积上的辐射通量,$I = d\Phi/dS$,单位是 W/m^2;其中 S 为面积。

⑤ 辐射出射度(M):面辐射源物体表面单位面积上的辐射通量,$E = d\Phi/dS$,单位是 W/m^2,S 为面积。辐照度与辐射出射度都是描述辐射能量的密度,前者描述物体的接收辐射,后者描述物体的发出辐射。

⑥ 辐射亮度(L):面辐射源在单位立体角、单位时间内,在某一垂直于辐射方向单位面积上辐射出的辐射能量(图 2-3),单位是 $W/(sr \cdot m^2)$。即辐射源在单位投影面积上、单位立体角内的辐射通量,计算公式如下:

$$L = \frac{\Phi}{\Omega(A\cos\theta)} \tag{2-3}$$

式中 Φ——辐射通量;

Ω——辐射方向的立体角;

A——辐射束截面积;

θ——截面法线与辐射方向的夹角。

(2) 黑体辐射

1) 绝对黑体

如果一个物体在任何温度下对于辐射到其表面的任何波长的电磁辐射能量都全部吸收,那么这个物体是绝对黑体。

当电磁波入射到一个不透明的物体,该物体对于电磁波只有吸收和反射作用时,这一物体的光谱吸收系数 $\alpha(\lambda,T)$ 与光谱反射系数 $\rho(\lambda,T)$ 之和恒等于 1。一般情况下,物体受到辐射后既有吸收也有反射,吸收率和反射率在 0~1 之间,受到波长和温度的影响。但绝对黑体的吸收率恒等于 1,全部能量被吸收而没有反射。

在实验上,理想的绝对黑体由一个带有小孔的空腔组成(图 2-4)。空腔内壁由不透明的材料制成,对辐射只有吸收和反射作用,从小孔向空腔内入射电磁波,大部分辐射被吸收,仅有 5% 或更少的辐射被反射。经过 n 次反射后,如果有通过

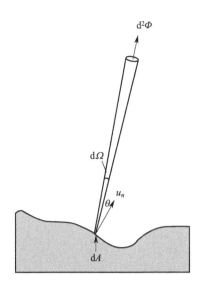

图 2-3　辐射亮度（李小文 等，2008）

小孔射出的能量，能量也只剩下 $(5\%)^n$；当 n 大于 10 时，认为此空腔符合绝对黑体的要求。黑色的烟煤，其吸收系数接近 99%，因而被认为是最接近绝对黑体的自然物体。恒星和太阳的辐射也被看作是接近黑体辐射的辐射源（孙家抦 等，2013）。

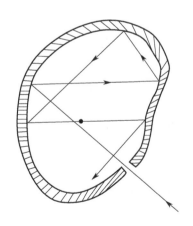

图 2-4　绝对黑体（孙家抦 等，2013）

2) 黑体辐射的特性

1900 年，普朗克（M. Planck）推导出黑体辐射出射度 M 和其温度的关系以及按波长 λ 分布的辐射定律：

$$M = \frac{2\pi hc^2}{\lambda^5} \times \frac{1}{e^{ch/(\lambda kT)} - 1} \tag{2-4}$$

式中　M——黑体辐射出射度；

　　　λ——波长；

　　　h——普朗克常数，6.6256×10^{-34} J·s；

　　　c——真空中的光速，3×10^8 m/s；

　　　k——玻耳兹曼常数，1.38×10^{-23} J/K；

　　　T——热力学温度。

普朗克公式表示了黑体辐射出射度与温度关系及按波长分布的情况。由普朗克公式可得，在给定温度下，黑体的光谱辐射随波长而变化，温度越高，辐射出射度也越大，不同温度下的曲线是不会相交的（图 2-5）。

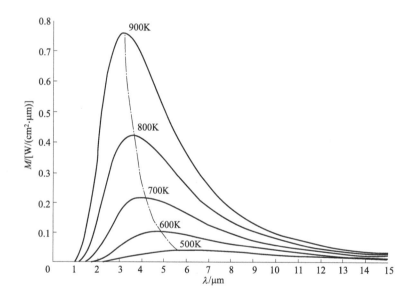

图 2-5　黑体辐射波谱曲线（徐代升 等，2012）

这些曲线的分布遵循以下规律：

① 斯特藩-玻耳兹曼定律。在零到无穷大波长范围内对普朗克公式进行积分，即

$$M = \int_0^\infty \frac{2\pi hc^2}{\lambda^5} \times \frac{1}{e^{ch/(\lambda kT)} - 1} d\lambda \tag{2-5}$$

可得到单位面积的黑体辐射到半球空间的总辐射出射度表达式，就是斯特藩-玻耳兹曼定律，即绝对黑体的总辐射出射度与黑体温度的 4 次方成正比。

$$M = \frac{2\pi^5 k^4}{15c^2 h^3} T^4 = \sigma T^4 \tag{2-6}$$

式中 σ——斯特藩-玻耳兹曼常数，$5.67\times10^{-8}\,\mathrm{W/(m^2\cdot K^4)}$。

② 维恩位移定律。对普朗克公式微分后求极值，可得黑体辐射光谱中最强辐射的波长 $\lambda_{\max}$ 与黑体热力学温度 T 成反比，即

$$\lambda_{\max}T=b \tag{2-7}$$

式中 b——常数，$2.898\times10^{-3}\,\mathrm{m\cdot K}$。

这就是维恩位移定律，即黑体辐射光谱中辐射峰值的波长 $\lambda_{\max}$ 与黑体的热力学温度 T 成反比。

由图 2-5 可以看到，当黑体的热力学温度上升，曲线峰值向短波方向移动。

2.1.2 太阳辐射与大气校正

2.1.2.1 太阳辐射

太阳辐射是地球表层能量的主要来源，也是遥感探测中被动遥感的主要辐射源。被动遥感中传感器对地物反射的电磁波进行接收，这一部分电磁波就来源于太阳辐射的转换。

(1) 太阳常数

指不受大气影响，在距离太阳一个天文单位内，垂直于太阳光辐方向上，单位面积单位时间黑体所接收的太阳辐射能量：

$$I=1.367\times10^3\,\mathrm{W/m^2}$$

太阳常数可以认为是大气顶端接收的太阳能量。太阳常数不是固定不变的，一年当中的浮动变化在 1% 左右，这可能与太阳黑子的活动变化相关。

(2) 太阳光谱

太阳表面温度约有 6000K，其发射的能量大部分集中在可见光波段。图 2-6 中描绘了黑体在 5800K 时的辐射曲线，在大气层外接收到的太阳辐射照度曲线以及太阳辐射穿过大气层后在海平面接收到的太阳辐射照度分布曲线。

从图 2-6 中可以看到，太阳辐射的光谱是连续的，它的辐射特性与绝对黑体的辐射特性基本一致。太阳在 X 射线、γ 射线、远紫外及微波波段，辐射能量较少，且受到太阳活动的影响并不稳定。而在近紫外到中红外这一波段范围内，太阳辐射能量相对稳定且较为集中，受太阳活动影响的变化较小，因此这一波段范围是被动遥感利用的主要波段。

图 2-6 中海平面上太阳辐照度曲线与大气层外的曲线差别较大，这是由于太阳辐射穿过地球大气时，大气对太阳辐射的吸收和散射作用使得辐射能量产生衰减而造成接收到的太阳辐照度不同。

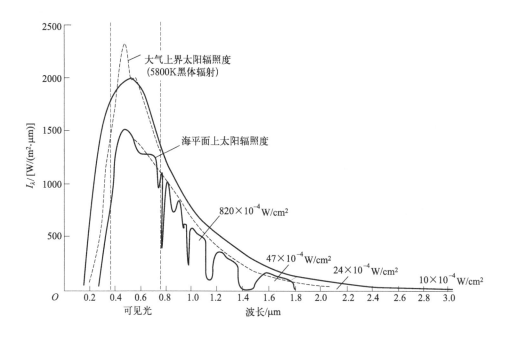

图 2-6　太阳辐照度分布曲线（梅安新 等，2001）

2.1.2.2　大气校正

（1）大气对辐射的影响

1）地球大气层次与成分

随着距地面的高度不同，大气层的物理和化学性质有很大的变化。按气温的垂直变化特点，可将大气层自下而上分为对流层、平流层、电离层和外大气层（见图 2-7）。

对流层是大气圈中最靠近地面的一层，平均厚度约 12km。对流层集中了占大气总质量 75％的空气和几乎全部的水蒸气量，是天气变化最复杂的层次。在对流层中，温度、空气密度和气压都随高度的上升而降低。

平流层位于对流层之上，可分为同温层、暖层和冷层，平流层中没有明显对流，几乎没有天气现象，温度由下部的等温层向上逐渐升高。这一层的 25～30km 处，臭氧含量较大，这个区间称为臭氧层。

电离层中大气十分稀薄，因太阳辐射作用而发生电离现象，层内存在大量的自由电子和离子。层内温度随高度的增加而急剧上升，电离层中无线电波发生全反射现象，而其他波段可以穿过电离层，受到的影响较小。

外大气层也称磁力层，是大气层的最外层，大气层向星际空间过渡的区域，1000～2500km 处主要是氦离子，称为氦层；2500～25000km 处主要成分是氢离子，称为质子层。

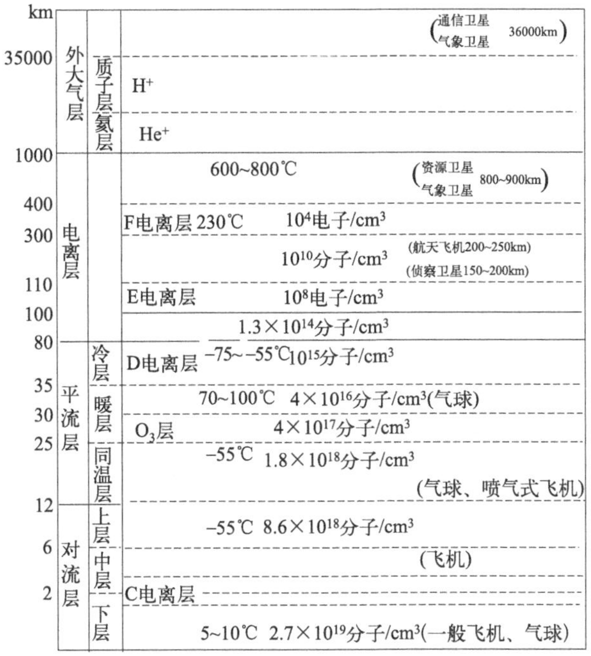

km			
35000	外大气层	质子层	(通信卫星 气象卫星 36000km)
			H⁺
1000		氦层	He⁺
400	电离层		600~800℃ (资源卫星 气象卫星 800~900km)
300			F电离层 230℃ 10⁴电子/cm³
			10¹⁰分子/cm³ (航天飞机200~250km) (侦察卫星150~200km)
110			
100			E电离层 10⁸电子/cm³
80			1.3×10¹⁴分子/cm³
	平流层	冷层	D电离层 −75~−55℃ 10¹⁵分子/cm³
35		暖层	70~100℃ 4×10¹⁶分子/cm³ (气球)
30			O₃层 4×10¹⁷分子/cm³
25		同温层	−55℃ 1.8×10¹⁸分子/cm³
12			(气球、喷气式飞机)
6	对流层	上层	−55℃ 8.6×10¹⁸分子/cm³
2		中层	(飞机)
		下层	C电离层
			5~10℃ 2.7×10¹⁹分子/cm³ (一般飞机、气球)

图 2-7 大气分层（孙家抦 等，2013）

2）大气对太阳辐射的吸收与散射作用

① 大气吸收。地球大气中成分较多，如氧气、臭氧、水、二氧化碳等，在太阳辐射穿过大气层时，这些大气中的分子会对电磁波的某些波段有吸收作用，导致这些波段的太阳辐射产生衰减。在太阳辐射穿过大气到达地面后，传感器接收到的电磁波在某些波段就产生了损失。

图 2-8 为大气中几种主要分子对太阳辐射的吸收率。

大气成分吸收电磁辐射的主要波段有：a. 氧气在小于 $0.2\mu m$ 处有一辐射的宽吸收带，吸收能力较强，在 $0.6\mu m$ 和 $0.76\mu m$ 也有窄吸收带，吸收能力较弱；b. 臭氧在 $0.2\sim0.3\mu m$ 电磁波波段有强吸收带，另外在 $0.6\mu m$ 和 $9.6\mu m$ 处的吸收也很强；c. 水是吸收太阳辐射能量最强的介质，其吸收带主要是处于红外和可见光中的红光波段，其中红外部分吸收最强，如 $0.70\sim1.95\mu m$、$2.5\sim3.0\mu m$、$4.9\sim8.7\mu m$ 处；d. 二氧化碳吸收带主要集中在红外区，尤其是 $4.3\mu m$ 附近，对太阳辐射的吸收能力较弱。

② 大气散射。电磁波在传播过程中遇到小颗粒而使传播方向发生改变，向各个方向散开，称为散射。太阳辐射穿过大气传播的过程中发生散射，降低了原传播方向的辐射强度，在太阳辐射到地面经反射被传感器接收的过程中，太阳辐射二次通过大气，同一方向上的散射光也随反射光一起被传感器接收，使得接收信号中的

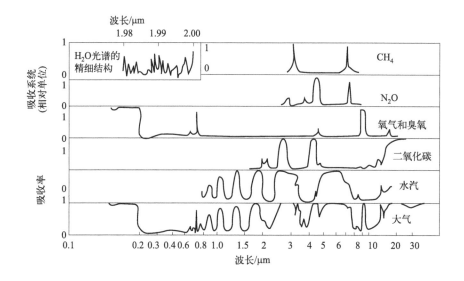

图 2-8 大气吸收谱（沙晋明，2017）

噪声成分增多，给遥感图像的质量带来影响。

电磁辐射发生散射的方式由电磁波波长与大气中分子和微粒直径的相对大小而决定，主要分为瑞利散射、米氏散射和非选择性散射 3 种。

Ⅰ. 瑞利散射：当大气中分子和微粒的直径远小于波长时，发生瑞利散射。这种散射主要由大气分子引起，所以也称分子散射。瑞利散射的特点是散射强度与波长的 4 次方成反比，波长越长，散射越弱。瑞利散射在可见光波段尤为明显，由于散射作用，蓝光的散射强于红光，因此在晴朗的天空中，蓝光散射使天空呈蓝色，而日出时太阳光需要透过较厚的大气层，红光散射较少使太阳呈红色。

Ⅱ. 米氏散射：当大气中分子和微粒直径与波长同数量级时，发生米氏散射。这种散射主要由大气中的微粒如烟、尘埃、小水滴及气溶胶等引起。米氏散射有明显的方向性，向前方向的散射要强于向后方向的散射。在大气中云雾等粒子大小与红外波长接近，所以云雾对红外线的米氏散射作用较为明显，在多云潮湿的天气，米氏散射的影响较大。

Ⅲ. 非选择性散射：当大气中分子和微粒直径远大于波长时，发生非选择性散射。这种散射的特点是散射强度与波长无关，即任何波长的散射强度都相同。如云雾对可见光各个波长的光散射都相同，所以云雾看起来呈白色。

综上所述，太阳辐射穿过地球大气时的衰减主要是由大气散射造成的，散射的类型和强弱与辐射波长相关。太阳辐射的波段范围几乎覆盖了电磁波谱的所有波段，因此在太阳辐射经过状况相同的大气时会同时出现各种类型的散射。可见光和近红外波段的电磁波由于大气分子、原子会发生瑞利散射，大气微粒主要对近紫外到红外波段的电磁波形成米氏散射从而造成影响。

3) 大气窗口

太阳辐射穿过地球大气时受到多种作用,大气折射改变了辐射的方向而没有改变辐射强度,大气反射、吸收和折射的共同影响造成了太阳辐射强度的衰减,剩余能够到达地面的部分是透射部分。由于大气对不同电磁辐射波段范围造成的衰减程度不同,因此遥感在实际操作中需要选择透过率较高的合适波段。这些波段在通过大气层时较少被反射、吸收或散射,透过率较高,通常被称为大气窗口(见图2-9)。

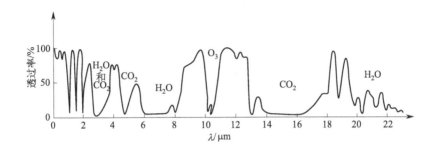

图2-9 大气窗口(梅安新 等,2001)

目前遥感常用的大气窗口主要有以下几种。

① 0.3~1.3μm,即紫外、可见光、近红外波段。这一波段是摄影成像的最佳波段,也是许多卫星传感器扫描成像的常用波段,例如Landsat卫星的TM1-4波段、SPOT卫星的HRV波段等。

② 1.5~1.8μm和2.0~3.5μm,即近、中红外波段。在白天光照条件好的情况下扫描成像常用此波段,如Landsat卫星的TM5、TM7波段等用于地质制图或探测植物含水量。

③ 3.5~5.5μm,即中红外波段。这一窗口除了地物反射太阳辐射外,还有地物自身的发射能量,如NOAA卫星的AVHRR传感器用3.55~3.93μm探测海面温度,获得昼夜云图。

④ 8~14μm,即远红外波段。此窗口是常温下地物热辐射能量最集中的波段,所探测的信息主要反映地物的发射率及温度,适用于夜间成像。

⑤ 0.8~2.5cm,即微波波段。该波段具有穿透云层、植被及一定厚度冰和土壤的能力,能够全天候进行工作(沙晋明,2017)。

(2) 大气校正

1) 大气校正的定义

卫星遥感器在获取信息过程中受到大气分子、气溶胶和云粒子等大气成分吸收、散射及其他因素的影响,使其获取的遥感信息中带有一定的非目标地物的成像信息，导致图像模糊失真，造成图像分辨率及对比度下降，消除这些大气影响的处理过程称为大气校正。

2) 辐射校正、辐射定标和大气校正的区别

① 辐射校正：对由于外界因素、数据获取和传输系统产生的系统的、随机的辐射失真或畸变进行的校正。通过辐射校正可以消除或改正因辐射误差而引起的影像畸变。辐射校正包括了传感器校正（辐射定标）、大气校正以及地形与太阳高度角校正。

② 辐射定标：用户需要计算地物的光谱反射率或光谱辐射亮度时，或者需要对不同时间、不同传感器获取的图像进行比较时，都必须将图像的亮度灰度值转换为绝对的辐射亮度，这个过程就是辐射定标。通过辐射定标可以消除传感器本身的误差，确定传感器入口处的准确辐射值。

③ 大气校正：传感器最终测得的地面目标的总辐射亮度并不是地表真实反射率的反映，其中包含了由大气吸收尤其是散射作用造成的辐射量误差。大气校正就是消除这些由大气影响所造成的辐射误差，反演地物真实的表面反射率的过程。

3) 大气校正的分类及方法

遥感图像的大气校正方法有多种，按照校正后的结果可以分为相对大气校正和绝对大气校正2类。

① 相对大气校正方法：相对大气校正方法用于校正后得到的图像，相同的传感器输出值表示相同的地物反射率，其结果不考虑地物实际反射率。以下列出了2种常用的相对大气校正方法。

Ⅰ．不变目标法：假设图像上存在具有较稳定反射辐射特性的像元，并且可确定这些像元的地理意义，那就称这些像元为不变目标。这些不变目标在不同时相的遥感图像上的反射率将存在一种线性关系。当确定了不变目标以及它们在不同时相遥感图像中反射率的这种线性关系，就可以对遥感图像进行大气校正。

不变目标法较为简单、直接，它本质上是一种基于统计的方法，以不变像元为基准对其他像元进行校正，属于相对大气校正的方法。

Ⅱ．直方图匹配法：当两处地表反射率相同的区域分别受到大气影响和未受到大气影响时，在确定了不受影响的区域范围的情况下，利用其直方图与受影响区域的直方图进行匹配，可以达到大气校正的效果。

该方法的关键在于寻找两个具有相同反射率但受大气影响情况相反的区域，而且需要假定气溶胶的空间分布是均匀的。因此如果能把范围较大的一景遥感图像分成多个小块，对各区域利用此方法进行大气校正就能够取得更好的效果。

② 绝对大气校正方法：绝对大气校正方法是将遥感图像的传感器输出值转换为实际地表反射率、地表反射率或地表温度的方法。

以下列出了 2 种常用的绝对大气校正方法。

Ⅰ. 基于辐射传输模型的方法：辐射传输模型法是利用电磁波在大气中的辐射传输原理建立起来的模型对遥感图像进行大气校正的方法。其精度较高，但计算量大，且需要获取较多大气参数。目前常用的模型有 6S 模型、LOWTRAN7 模型、MORTRAN 模型、空间分布快速大气校正模型 ATCOR 等。

A. 6S 模型是在 5S 模型基础上进行发展的，采用了最新近似和逐次散射算法来计算散射和吸收。这种模式是在假定无云大气的情况下，考虑了水汽，CO_2、O_3 和 O_2 的吸收，分子和气溶胶的散射以及非均一地面和双向反射率的问题。其在模型参数输入时考虑到了太阳、地物与传感器之间的几何关系、大气模式、气溶胶模式、传感器的光谱特性及地表反射率 5 类参数。这 5 个部分构成了大气辐射传输模型的全过程，模拟了太阳辐射经过大气效应到达地表，然后由地表反射通过大气效应到达传感器的整个太阳辐射传输过程，而且还考虑到了地表朗伯体和非朗伯体反射 2 个方面（郑伟 等，2004）。

B. LOWTRAN7 模型是以 $20cm^{-1}$ 的光谱分辨率的单参数带模式计算 $0\sim 50000cm^{-1}$ 的大气透过率、大气背景辐射、单次散射的光谱辐射亮度、太阳直射辐射度，增加了多次散射的计算以及新的带模式、O_3 和 O_2 在紫外线波段的吸收参数，提供了 6 种参考大气模式的温度、气压、密度的垂直廓线，H_2O、O_3、O_2、CO_2、CH_4、N_2O 的混合比垂直廓线以及其他 13 种微量气体的垂直廓线，以及城乡大气气溶胶、雾、沙尘、火山喷雾物、云、雨廓线和辐射参量如消光系数、吸收系数、非对称因子的光谱分布（吴北婴，1998）。

C. MORTRAN 模型是对 LOWTRAN7 模型的光谱分辨率做了改进，把光谱分辨率从 $20cm^{-1}$ 变为 $2cm^{-1}$，发展了一种 $2cm^{-1}$ 的光谱分辨率的分子吸收的算法，并更新了对分子吸收的气压温度关系的处理，维持了 LOWTRAN7 模型的基本程序和使用结构（吴北婴，1998）。

D. ATCOR 模型是由德国学者提出的一种快速大气校正算法，其中 ATCOR2 是一个应用于高空间分辨率光学卫星传感器的快速大气校正模型。它假定研究区域是相对平的地区并且大气状况通过一个查证表来描述。在具体实施过程中将针对太阳光谱区间和热光谱范围进行计算（王建 等，2002）。

Ⅱ. 暗像元法：假定待纠正的遥感图像上存在黑暗像元区域，地表为朗伯面反射，大气性质均一，大气多次散射辐照作用和邻近像元漫发射作用可以忽略，在此前提下，反射率或辐射亮度很小的黑暗像元由于大气的影响，亮度值相对增加，可以认为这部分增加的亮度是由大气的路径辐射所致，利用黑暗像元计算出程辐射值，并代入适当的大气纠正模型，获得相应的参数后，通过计算得到地物真实的发射率。

在复杂地形条件下气溶胶的空间分布变化较大，用单一的气溶胶实测参数或单一的暗像元进行大气纠正，使用局部的大气状况来代替整体的大气状况，势必会造成一定的误差，尤其是在海陆交界处。所以在选择使用暗像元法时可以选择多个暗像元，使得暗像元均匀分布于图像的各个地物区域、各个海拔，更好地模拟复杂地形下的大气状况。

2.1.3 地球辐射与地物光谱

2.1.3.1 地物的反射率

反射率（ρ）是物体的反射能量 P_ρ 与总入射能量 P_0 之比，公式为：

$$\rho = (P_\rho / P_0) \times 100\% \tag{2-8}$$

由于物体本身性质的差异，以及入射电磁波波长和入射角度的不同，不同物体的反射率是不一样的，利用反射率可以对物体的性质进行判断。

2.1.3.2 地物的反射类别

物体的反射状况分为镜面反射、漫反射和方向反射3种。图2-10展示了3种反射的情况。

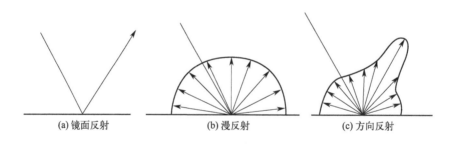

图 2-10　几种反射类型（孙家抦 等，2013）

① 镜面反射：指物体的反射满足反射定律。入射波和反射波在同一平面内，入射角和反射角相等。当发生镜面反射时，如果入射波为平行入射，只有在反射波射出方向才能探测到电磁波。自然界中真正的镜面很少，非常平静的水面可以近似认为是镜面。

② 漫反射：指在表面粗糙度大的物体上，入射波在反射后向各个方向均匀反射，在入射强度一定时，从各个角度观察反射面，其反射辐射亮度是一个常数，这种反射面又称朗伯面。

③ 方向反射：指实际物体多数介于两种理想模型之间，既非镜面也不是朗伯面，而是由于物体表面起伏在各方向上都有反射，在某个方向上反射最强烈。

2.1.3.3 地物反射光谱及特性

(1) 地物反射光谱曲线

地物的反射波谱指地物的反射率随波长的变化规律,以波长为横坐标,反射率为纵坐标所得的曲线即称为该物体的反射波谱特性曲线。

由于组成成分及结构的不同,地物对电磁辐射的吸收有着不同的波段范围和强弱,其反射光谱特性曲线也是各不相同的。如图 2-11 所示为 4 种地物的反射光谱曲线,植被由于叶绿素在红光波段的强吸收以及水分在中红外波段的吸收形成了数个反射曲线波谷。雪在可见光范围的反射率较高且对红外波段有较强的吸收,沙漠的反射率在 0.6μm 附近有峰值,长波段范围的反射率高于雪。湿地则对各波段辐射都有较强吸收,反射率较低,色调暗灰。

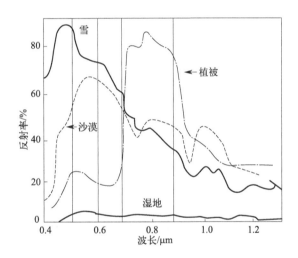

图 2-11 4 种地物的反射光谱曲线(孙家抦 等,2013)

此外,地物的光谱特性还受到时间因素和空间因素的影响,随着时间季节的变化,地物的反射光谱曲线会产生改变,同种地物在不同的地理区域,其反射光谱曲线也会有所不同。由于不同地物在不同波段的反射率不同,利用反射光谱曲线可以对地物进行判断和分类,这也被广泛应用于遥感影像的判读和识别。

(2) 不同地物的反射光谱特性

1) 绿色植被的反射光谱特性 (图 2-12)

由于植物进行光合作用,所以各类绿色植被具有很相似的反射光谱特征,即:由于叶绿素对蓝光和红光的吸收作用强,而对绿光的反射率高,故植被在可见光波段 0.55μm(绿)附近有反射率为 10%～20% 的一个波峰,两侧 0.45μm(蓝)和 0.67μm(红)处则有两个吸收带。从叶绿素在红光波段的强吸收到植被由于叶的细胞结构影响在近红外波段形成高反射平台之间有一个反射的陡坡，称为"红边"，植被的叶绿素含量、物候期、健康状况以及类别能够导致其产生移动。在近红外波段（1.3~2.5μm）受到绿色植物含水量的影响，吸收率大增，反射率大大下降，特别是以 1.45μm、1.95μm 和 2.7μm 为中心是水的吸收带，形成低谷。

植物波谱在上述基本特征下仍有细微差别，这种差别与植物种类、季节、病虫害影响、含水量多少等有关系。

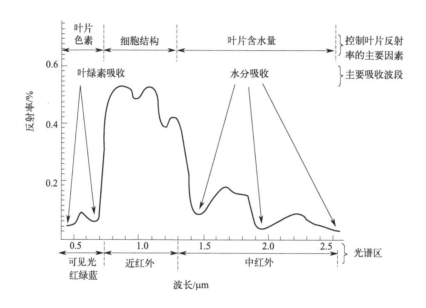

图 2-12　绿色植被的反射光谱曲线（李小文 等，2008）

2）水体的反射光谱特性（图 2-13）

对于清澈水体，其反射主要在蓝绿光波段，其他波段的吸收率很强，反射率非常小，因此在遥感影像中利用水体在红外波段的强吸收特征可以对水体的分布区域和大致轮廓进行判定，在此波段的影像中，水体的色调很黑，与周围的植被和土壤形成明显的差异，易于识别和判读。而水体中含有的其他物质会对水体的反射光谱特性带来改变。水中含有泥沙时，由于泥沙的散射作用，可见光波段反射率增加。水中含有叶绿素时，叶绿素对于近红外波段电磁波的反射作用导致近红外波段明显抬升，这些都成为影像分析的重要依据。

3）土壤的反射光谱特性（图 2-14）

自然状态下土壤对于各波段的电磁波吸收作用都较强，土壤表面的反射率没有明显的峰值与谷值。土壤的类别、含水量、有机质含量、表面粗糙度、粉砂相对百分含量等因素会导致土壤反射光谱特性的差异，土壤的肥力对其反射率也有一定影响。

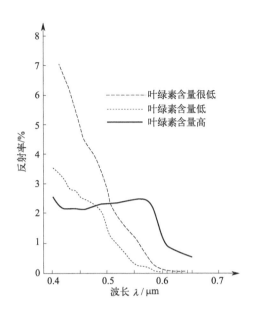

图 2-13 具有不同叶绿素浓度的海水的反射光谱曲线（莱森光学，2021）

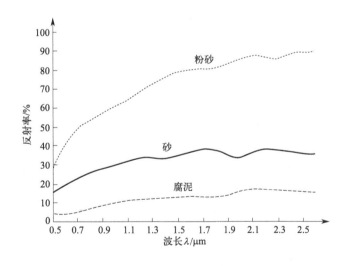

图 2-14 三种土壤的反射光谱曲线（莱森光学，2021）

4）岩石的反射光谱特性（图 2-15）

岩石的反射波谱曲线无统一的特征，岩石成分、矿物质含量、含水状况、风化程度、颗粒大小、色泽、表面光滑程度等都影响反射波谱曲线的形态。在遥感应用中需要根据所探测岩石的具体情况选择合适的波段。

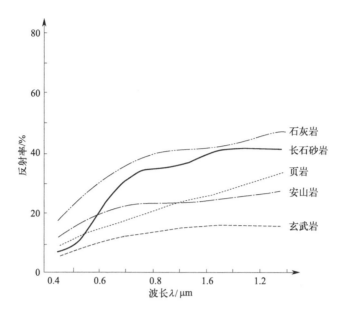

图 2-15 几种岩石的反射光谱曲线（孙家抦 等，2013）

2.2 遥感影像分辨率与影像选择原则

2.2.1 遥感影像分辨率

（1）空间分辨率（spatial resolution）

遥感影像的空间分辨率，指一个像素（pixel）所代表的地面范围的大小，或能分辨的地面物体的最小单元（沙晋明，2017；梅安新 等，2001；见图2-16）。例如 Landsat 9 的 1~7 波段和 9 波段，一个像素代表地面 30m×30m 的范围，可概略说其空间分辨率为 30m。

目前对于空间分辨率，主要有以下 4 种表示方法（张永生，2022）。

1）线对数（line pairs，LP）

早期以胶片类感光材料为影像记录介质的摄影成像系统，采用 1mm 间隔内影像上可区分的等宽度明暗条纹的线对的数量来表示，在传统摄影测量行业也称其为分解力（resolving power，RP），单位为线对/mm。这样的表示方法，能够确切地反映地面上边界清晰目标间的分辨能力。

2）瞬时视场（instantaneous field of view，IFOV）

IFOV 是指遥感成像传感器内单个探测单元的受光角度或观测视野的大小，单位为毫弧度（mrad）。IFOV 越小，最小可分辨单元也就越小。然而，在任何一个确定的瞬时视场内，包含着不止一种地面覆盖类型和纹理特征，其所记录的是一种

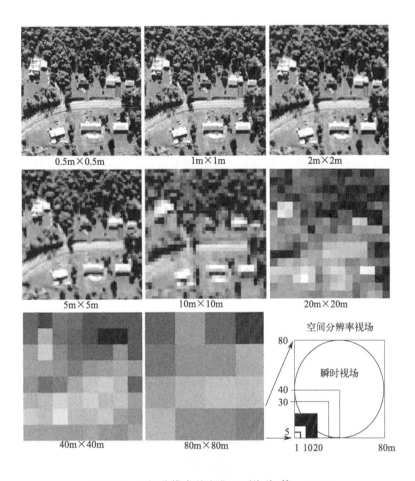

图 2-16 空间分辨率的变化（贾海峰 等，2006）

复合信号响应。每个像元记录的影像既可能是"纯"像元，也可能是"混合"像元。因此，仅靠 IFOV 尚不能确切地表达地面物体的真实分辨能力。

3）地面分辨间隔（ground resolved distance，GRD）

这是一种结合传感器成像几何参数和影像线对数（分解力）导出的空间分辨率指标。假定成像平台飞行的相对高度为 H，传感器光学镜头的焦距为 f，可以得到以下公式：

$$GRD = H/(f \times LP) \tag{2-9}$$

以 IKONOS 卫星为例，H 为 681km，f 为 10m，LP 为 40 线对/mm，则计算得 GRD 为 1.7m。因此，在 IKONOS 卫星全色影像上分辨出相邻明暗线条的最小距离为 1.7m。

4）地面采样间隔（ground sample distance，GSD）

通常以传感器单个探测单元所采集地面影像的线性距离来表示，实际上就是遥感影像上每个像元对应地面的单边长度。IKONOS卫星的CCD（charge coupled devices，CCD）单元尺寸为$12\mu m \times 12\mu m$，按照其成像比例尺，得出其全色影像的星下点GSD为0.817m。考虑到计算成像比例尺的轨道高度为平均相对航高值，在地面起伏条件下，每个地面点的成像比例尺均不尽相同，因此IKONOS卫星全色影像的标称GSD约为1m。

（2）光谱分辨率（spectral resolution）

光谱分辨率，也称波谱分辨率，是传感器探测并区分电磁波谱的特性参数，指传感器在接收目标辐射波谱时能分辨的最小波长间隔，间隔越小，分辨率越高（梅安新 等，2001）。根据需要，一般可用3个参数来描述，其一是波段的数量，其二是波段宽度，其三是每个波段的中心波长。为便于使用和表示，也常采用某个波段的中心波长命名该波段。

光谱细分的直接结果，就是对同一个探测区域获得记录光谱微小差异的巨大影像集，构成所谓的高（超）光谱影像立方体（见图2-17），为区分和辨别地面物质的组分和特性提供丰富的客观数据。

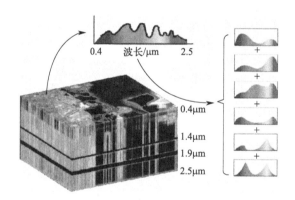

图2-17　高（超）光谱影像立方体（张永生，2022）

（3）辐射分辨率（radiometric resolution）

辐射分辨率是指传感器接收波谱信号时，能分辨的最小辐射度差，在遥感图像上表现为每一像元的辐射量化级（梅安新 等，2001），一般用bit作为单位。如某影像辐射分辨率为8bit，代表其波段灰度级有256级（灰度值范围0～255），辐射分辨率越高，灰度级越大（见图2-18）。

在可见光、近红外波段用噪声等效反射率表示，在热红外波段用噪声等效温差、最小可探测温度和最小可分辨温差表示。辐射分辨率的高低取决于传感器对辐射量区分和测量的灵敏度。辐射分辨率的计量表达方式如下：

$$RL = (R_{max} - R_{min})/D \tag{2-10}$$

式中　R_{max}——最大辐射量值；
　　　R_{min}——最小辐射量值；
　　　D——量化级。

RL 越小，表明传感器越灵敏。

(a) 1bit　　　(b) 2bit　　　(c) 4bit　　　(d) 8bit

图 2-18　辐射分辨率的变化

（4）时间分辨率（temporal resolution）

时间分辨率是描述遥感系统对同一地面区域重复获取遥感影像时间频度的一项指标。随着遥感技术的发展，其含义也在变化。

大体上，对时间分辨率有 3 种不尽相同的定义（张永生，2022）。

① 第一种定义：较常用的描述，即同一遥感器按照一定的时间周期重复采集数据，其重复观测的最小时间间隔称为时间分辨率，并由卫星平台的轨道高度、轨道倾角、轨道周期、轨道间隔、偏移系数等参数决定。

② 第二种定义：遥感卫星组网观测的情况下，重复观测的频度大大提高，此时多个遥感器探测的时间间隔显著缩短，由此获得的时间分辨率是一种遥感卫星组网业务运行模式决定的时间指标。

③ 第三种定义：视频成像卫星是一种高动态连续成像的崭新模式，其获取影像数据的时间间隔极短，时间分辨率只与视频成像传感器凝视观测的设定有关，卫星飞行参数、组网与否基本无影响。由于视频影像凝视成像的特殊性，相邻两帧影像的成像时间差可控制在 1/30～1/10s 之间。

2.2.2　常用的生态环境卫星遥感数据

（1）高分辨率卫星数据

1) WorldView

WorldView 是美国数字地球（DigitalGlobe）公司的商业成像卫星系统。

WorldView-1 卫星发射后在很长一段时间内被认为是全球分辨率最高、响应最敏捷的商业成像卫星，图像的周转时间（从下达成像指令到接收到图像所需的时间）仅为几个小时。目前运行的 WorldView 卫星参数如表 2-2 所列。

表 2-2 WorldView 系列卫星简介

项目	参数			
卫星名称	WorldView-1	WorldView-2	WorldView-3	WorldView-4
发射时间	2007 年	2009 年	2014 年	2016 年
分辨率/m	0.5	0.5(全色)/1.8(多光谱)	0.31(全色)/1.24(多光谱)	0.31(全色)/1.24(多光谱)
重返周期/d	1.7	1.1/3.7	1	1
幅宽/km	17.7	16.4	13.1	13.1
光谱范围/μm	全色 0.45~0.9	全色 0.45~0.80 海岸 0.40~0.45 蓝 0.45~0.51 绿 0.51~0.58 黄 0.58~0.63 红 0.63~0.69 红边 0.71~0.75 近红外 0.77~0.89 近红外 0.86~1.04	全色 0.45~0.80 海岸 0.40~0.45 蓝 0.45~0.51 绿 0.51~0.58 黄 0.58~0.63 红 0.63~0.69 红边 0.71~0.75 近红外 0.77~0.89 近红外 0.86~1.04	全色 0.45~0.80 海岸 蓝 0.45~0.51 绿 0.51~0.58 黄 红 0.65~0.69 红边 近红外 0.78~0.92
	—	—	8 个 SWIR 波段，12 个 CAVIS ACI 波段	—
外观				

2）QuickBird

QuickBird 卫星于 2001 年 10 月 18 日发射，是世界上最早提供亚米级分辨率数据的商业卫星。利用推扫式成像方式每年收集 7500 万平方千米影像数据，在中国境内每天有 2~3 个过境轨道，其存档数据约 500 万平方千米。QuickBird 卫星的轨道高度为 450km，提供全色、多光谱数据、三波段融合彩色数据、全色及多光谱捆绑数据、四波段融合彩色数据，但在 2014 年后不再获取新的遥感影像数据。QuickBird 卫星参数如表 2-3 所列。

表 2-3 QuickBird 卫星简介

项目		参数
卫星名称		QuickBird
发射时间		2001 年
分辨率/m		0.61～0.72（全色）/2.44～2.88（多光谱）
重访周期/d		1～6
幅宽/km		16.5
光谱范围/μm	全色	0.45～0.90
	蓝	0.45～0.52
	绿	0.52～0.60
	红	0.63～0.69
	近红外	0.76～0.90
外观		

3）高分系列

高分系列卫星是"高分专项"所规划的高分辨率对地观测的系列卫星。它是《国家中长期科学和技术发展规划纲要（2006—2020 年）》所确定的 16 个重大专项之一。截至 2020 年 12 月，高分系列已经从高分一号发展到高分十四号，其中高分一号为光学成像遥感卫星；高分二号也是光学遥感卫星，但全色和多光谱相机的空间分辨率都提高了 1 倍，分别达到了 1m 全色和 4m 多光谱；高分三号为 1m 分辨率微波遥感卫星，也是中国首颗分辨率达到 1m 的 C 频段多极化合成孔径雷达（SAR）成像卫星；高分四号为地球同步轨道上的光学卫星，可见光和多光谱分辨率优于 50m，红外谱段分辨率优于 400m；高分五号不仅装有高光谱相机，而且拥有多部大气环境和成分探测设备，如可以间接测定 $PM_{2.5}$ 的气溶胶探测仪；高分六号的载荷性能与高分一号相似；高分七号则属于高分辨率空间立体测绘卫星；高分八号是高分辨率光学遥感卫星，主要应用于国土普查、城市规划、土地确权、路网设计、农作物估产和防灾减灾等领域；高分九号是我国首颗敏捷卫星，卫星与相机采用了多项新技术，可实现卫星快速机动、稳定成像的功能，相机可实现全色分辨率 0.5m，多光谱分辨率 2m；高分十号是微波遥感卫星；高分十一号卫星于 2018 年 7 月发射，其地面像元分辨率最高可达亚米级，将主要应用于国土普查、城市规划、土地确权、路网设计、农作物估产和防灾减灾等领域;高分十二号于2019年11月发射,为微波遥感卫星;高分十三号卫星于2020年10月发射,为高轨光学遥感卫星;高分十四号卫星于2020年12月发射,为光学立体测绘卫星。

需要注意的是,所描述的类似高分一号、资源一号卫星不是指具体的单颗卫星,而是指一个星座。所谓星座,就是由一些卫星按一定的方式配置组成的一个卫星网。常用的高分系列卫星简介如表2-4所列。

表2-4 常用的高分系列卫星简介

项目	参数					
卫星名称	高分一号		高分二号		高分六号	
发射时间	2013年		2014年		2018年	
分辨率/m	2/8/16		1/4		2/8/16	
重访周期/d	4		5		2	
幅宽/km	60/800		45		90/800	
光谱范围/μm	全色	0.45~0.90	全色	0.45~0.90	全色	0.45~0.90
	蓝	0.45~0.52	蓝	0.45~0.52	蓝	0.45~0.52
	绿	0.52~0.59	绿	0.52~0.59	绿	0.52~0.60
	红	0.63~0.69	红	0.63~0.69	红	0.63~0.69
	近红外	0.77~0.89	近红外	0.77~0.89	近红外	0.76~0.90
外观						

4) 资源系列卫星

资源卫星是专门用于探测和研究地球资源的卫星,可分陆地资源卫星和海洋资源卫星,一般都采用太阳同步轨道。我国已发射了资源一号、资源二号和资源三号卫星。资源一号卫星,又称为中巴地球资源卫星,代号(ZY1或CBERS),于1999年10月成功发射,由中国和巴西联合研制,包括中巴地球资源卫星01星、02星、02B星、02C星和04星。资源一号02C卫星和02B卫星实现组网观测,分辨率达到2.36m。资源二号主要用于城市规划、农作物估产和空间科学试验等领域,于2000年9月首次发射,2002年10月第二次发射成功。资源二号空间分辨率可以达到3m。资源三号卫星是中国第一颗自主的民用高分辨率立体测绘卫星,通过立体观测,可以测制1:50000比例尺地形图,为国土资源、农业、林业等领域提供服务。资源系列常用卫星简介如表2-5所列。

表 2-5 资源系列常用卫星简介

项目	参数				
卫星名称	ZY1-02C		ZY1-02D		资源三号
发射时间	2011 年		2019 年		2012 年(ZY-3)/2016 年(ZY3-02)
分辨率/m	2.36		2.5/10		2.1/3.5/5.8
重访周期/d	3~5		3		5
幅宽/km	60/54		115/60		50/52
光谱范围/μm	B1	0.51~0.85	B1	0.45~0.90	全色	0.50~0.80
	B2	0.52~0.59	B2	0.45~0.52	蓝	0.45~0.52
	B3	0.63~0.69	B3	0.52~0.60	绿	0.52~0.59
	B4	0.77~0.89	B4	0.64~0.69	红	0.63~0.69
	—	—	B5	0.78~0.90	近红外	0.77~0.89
	—	—	B6	0.42~0.45	—	—
	—	—	B7	0.59~0.63	—	—
	—	—	B8	0.71~0.75	—	—
	—	—	B9	0.87~1.05	—	—
外观					

注：表中 B1~B4 为波段 1~波段 4，下同。

(2) 中低分辨率卫星数据

1) Landsat 系列

美国 NASA 的陆地卫星（Landsat）计划（1975 年前称为地球资源技术卫星——ERTS），自 1972 年 7 月 23 日以来，已发射 9 颗（第 6 颗发射失败），目前 Landsat 1~7 均相继失效。其中 Landsat 5 从 1984 年 3 月 1 日发射，其设计寿命 3 年，超期在轨，成为目前在轨运行时间最长的光学遥感卫星，也是全球应用最为广泛、成效最为显著的地球资源卫星遥感信息源。Landsat 系列常用卫星详细参数如表 2-6 所列。

表 2-6 Landsat 系列卫星简介

项目	参数			
卫星名称	Landsat 5	Landsat 7	Landsat 8	Landsat 9
发射时间	1984 年	1999 年	2013 年	2021 年
分辨率/m	30/120	15/30/60	15/30/100	15/30/100
重返周期/d	16			
幅宽/km	185			

续表

项目	参数							
光谱范围/μm	B1	0.45～0.52	B1	0.45～0.52	B1	0.43～0.45	B1	0.43～0.45
	B2	0.52～0.60	B2	0.52～0.61	B2	0.45～0.51	B2	0.45～0.51
	B3	0.63～0.69	B3	0.63～0.69	B3	0.52～0.60	B3	0.53～0.59
	B4	0.76～0.90	B4	0.75～0.90	B4	0.63～0.68	B4	0.64～0.67
	B5	1.55～1.75	B5	1.55～1.75	B5	0.84～0.89	B5	0.85～0.88
	B6	10.4～12.5	B6	10.4～12.5	B6	1.56～1.66	B6	1.57～1.65
	B7	2.08～2.35	B7	2.09～2.35	B7	2.10～2.30	B7	2.11～2.29
	—	—	B8	0.52～0.90	B8	0.50～0.68	B8	0.50～0.68
	—	—	—	—	B9	1.36～1.39	B9	1.36～1.38
	—	—	—	—	B10	10.6～11.2	B10	10.60～11.19
	—	—	—	—	B11	11.5～12.5	B11	11.50～12.51
外观								

2) SPOT 系列

SPOT 卫星是法国空间研究中心（CNES）研制的一种地球观测卫星系统。"SPOT" 系法文 Systeme Probatoire d'Observation de la Terre 的缩写，意思为地球观测系统。SPOT 系列卫星至今已发射 SPOT 1～7 号卫星。1986 年以来，SPOT 已经接收、存档超过 7000000 幅全球卫星数据，满足了制图、农业、林业、土地利用、水利、国防、环保地质勘探等多个应用领域不断变化的需要。到目前为止，SPOT-1～5 均已退役，SPOT-6 和 7 在轨运行。

SPOT 卫星的侧视能力为获取立体像对提供了条件。立体像对是卫星在不同的轨道上，以不同的角度对同一地区观测所获得的图像对。SPOT 在绘制基本地形图和专题图方面有更广泛的应用。SPOT 系列常用卫星详细参数如表 2-7 所列。

表 2-7 SPOT 系列卫星简介

项目	参数		
卫星名称	SPOT-5	SPOT-6	SPOT-7
发射时间	2002 年	2012 年	2014 年
分辨率/m	2.5/10	1.5/6	1.5/6
重访时间/d	26	1	1
幅宽/km	60	60	60

续表

项目	参数						
光谱范围/μm	全色	0.49~0.69	全色	0.45~0.75	全色	0.45~0.75
	绿	0.49~0.61	蓝	0.45~0.53	蓝	0.45~0.53
	红	0.61~0.68	绿	0.53~0.59	绿	0.53~0.59
	近红外	0.78~0.89	红	0.62~0.69	红	0.62~0.69
	短波红外	1.58~1.78	近红外	0.76~0.89	近红外	0.76~0.89
外观							

3）Sentinel-2

Sentinel-2 是欧洲空间局（European Space Agency，ESA）全球环境和安全监视（即哥白尼计划）系列卫星的第二个组成部分，包括 Sentinel-2A 和 Sentinel-2B 卫星（参数见表 2-8）。Sentinel-2A 于 2015 年 6 月发射，Sentinel-2B 于 2017 年 3 月发射。单星重访周期为 10 天，双星重访周期为 5 天。主要有效载荷是多光谱成像仪（MSI），采用推扫模式，共有 13 个波段，光谱范围在 0.4~2.4μm 之间，涵盖了可见光、近红外和短波红外，光谱分辨率为 0.015~0.18μm，空间分辨率可见光 10m，近红外 20m，短波红外 60m，成像幅宽 290km，每轨最大成像时间为 40min。Sentinel-2 卫星主要用于全球高分辨率和高重访能力的陆地观测、生物物理变化制图，监测海岸带和内陆水域以及灾害制图等。

表 2-8 Sentinel-2 系列卫星简介

项目	参数			
卫星名称	Sentinel-2A/2B			
发射时间	2015 年/2017 年			
分辨率/m	10/20/60			
重访周期/d	5			
幅宽/km	290			
光谱范围	光谱	中心波长/μm	分辨率/m	波段宽度/μm
	海岸/气溶胶	0.443	60	0.020
	蓝	0.490	10	0.065
	绿	0.560	10	0.035
	红	0.665	10	0.030
	植被红边-B5	0.705	20	0.015

续表

项目	参数			
光谱范围	植被红边-B6	0.740	20	0.015
	植被红边-B7	0.783	20	0.020
	近红外	0.842	10	0.115
	植被红边-B8A	0.865	60	0.020
	水蒸气	0.945	60	0.020
	短波红外-卷云	1.375	20	0.020
	短波红外-B11	1.610	20	0.090
	短波红外-B12	2.190	—	0.180
外观				

4) 环境一号卫星

环境一号是专门用于环境和灾害监测的对地观测系统，由两颗光学卫星（HJ-1A卫星和HJ-1B卫星）和一颗雷达卫星（HJ-1C）组成，拥有光学、红外、超光谱多种探测手段，具有大范围、全天候、全天时、动态的环境和灾害监测能力。HJ-1A和HJ-1B于2008年9月在太原卫星发射中心"一箭双星"成功发射，详细参数见表2-9。HJ-1C于2012年11月在太原卫星发射中心发射。HJ-1具有监测PM_{10}的能力，空间分辨率为300m。HJ-1C星配置的S波段合成孔径雷达，可获取地物S波段影像信息，空间分辨率为5m。

表2-9 环境一号系列卫星简介

项目	参数			
卫星名称	HJ-1A		HJ-1B	
发射时间	2008年		2008年	
分辨率/m	30/100		30/150/300	
重访周期/d	4		4	
幅宽/km	50/360/700		360/700/720	
光谱范围/μm	蓝	0.43~0.52	蓝	0.43~0.52
	绿	0.52~0.60	绿	0.52~0.60
	红	0.63~0.69	红	0.63~0.69
	近红外	0.76~0.90	近红外	0.76~0.90

续表

项目	参数			
光谱范围/μm	高光谱成像	0.45~0.95	B5	0.75~1.10
	—	—	B6	1.55~1.75
	—	—	B7	3.50~3.90
	—	—	B8	10.5~12.5
外观				

5）MODIS

1999年2月18日，美国发射了地球观测系统（earth observation system，EOS）的第一颗极地轨道环境遥感卫星Terra，2002年5月发射了第二颗卫星Aqua。EOS的主要目标是从单系列极轨空间平台上对太阳辐射、大气、海洋和陆地进行综合观测并获取相关数据，用以开展土地利用和土地覆盖研究、气候季节和年际变化研究、自然灾害监测和分析研究、气候变化以及大气臭氧变化研究等，进而对大气和地球环境进行长期观测和研究。

搭载在Terra和Aqua两颗卫星上的中分辨率成像光谱仪（moderate-resolution imaging spectroradiometer，MODIS）是美国EOS计划中用于观测全球生物和物理过程的重要仪器。它具有36个中等分辨率水平（0.25~1μm）的光谱波段（见表2-10），每1~2天对地球表面观测一次，获取陆地和海洋温度、初级生产率、陆地表面覆盖、云、气溶胶、水汽和火情等目标的图像。

表 2-10 MODIS 卫星简介

波段号	光谱范围/μm	分辨率/m	应用领域
1	0.62~0.67	250	陆地、云边界
2	0.84~0.88	250	
3	0.46~0.48	500	陆地、云特性
4	0.55~0.57	500	
5	1.23~1.25	500	
6	1.63~1.65	500	
7	2.11~2.14	500	

续表

波段号	光谱范围/μm	分辨率/m	应用领域
8	0.41~0.42	1000	海洋水色、浮游植物、生物地理、生物化学
9	0.44~0.45	1000	
10	0.48~0.49	1000	
11	0.53~0.54	1000	
12	0.55~0.56	1000	
13	0.66~0.67	1000	
14	0.67~0.68	1000	
15	0.74~0.75	1000	
16	0.86~0.88	1000	
17	0.89~0.92	1000	大气水汽
18	0.93~0.94	1000	
19	0.92~0.97	1000	
20	3.66~3.84	1000	地球表面和云顶温度
21	3.93~3.99	1000	
22	3.93~3.99	1000	
23	4.02~4.08	1000	
24	4.43~4.49	1000	大气温度
25	4.48~4.55	1000	
26	1.36~1.39	1000	卷云、水汽
27	6.54~6.89	1000	
28	7.18~7.48	1000	
29	8.40~8.70	1000	
30	9.58~9.88	1000	臭氧
31	10.8~11.3	1000	地球表面和云顶温度
32	11.8~12.3	1000	
33	13.2~13.5	1000	云顶高度
34	13.5~13.8	1000	
35	13.8~14.1	1000	
36	14.1~14.4	1000	
外观	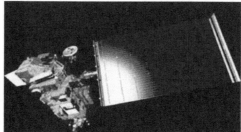		

（3）夜间灯光卫星系列

20世纪70年代美国启动的国防气象卫星计划（defense meteorological satellite program，DMSP）拉开了夜间灯光遥感的序幕（陈颖彪，2019）。夜间灯光遥感可获取夜间无云条件下地表发射的可见光-近红外电磁波信息，这些信息大部分由地表人类活动发出，其中最主要的是人类活动夜间灯光照明，同时也包括石油天然气燃烧、海上渔船、森林火灾以及火山爆发等信息源。夜间灯光遥感影像常被学者们用以进行环境、社会经济、灾害、渔业、能源等领域的研究（杨眉，2011）。

1）环境领域

在城市经济快速发展过程中，夜间灯光愈发明亮，可通过灯光强度进行等级划分，为保护自然的原生态地区提供决策支持，实现城市的合理规划。

2）社会经济领域

夜间灯光的强弱与人类密集程度及社会活动强弱密切相关，可通过夜间灯光影像数据进行城市化水平、人口分布、GDP、电力消耗量、碳排放量等研究。

3）灾害领域

通过夜间灯光影像数据进行火点识别提取，为预防火灾的发生提供实时数据支撑。

4）渔业领域

通过识别海上渔火推动捕鱼业的研究，值得注意的是渔火的提取只能发生在水面上。

5）能源领域

目前来说，夜间灯光在该领域的研究集中在制止油气公司对天然气的浪费燃烧等方面。在石油开采过程中会产生大量的天然气，大部分油气公司会直接焚烧以降低处理成本，但该方法不仅会造成污染，还是对天然气能源的浪费。

常用夜间灯光卫星平台系列简介如表2-11所列。

表2-11 常用夜间灯光卫星平台系列简介

平台名称	传感器	空间分辨率/m	所在国	已有存档影像	数据可获取性
Defence Meteorological Satellite Program（DMSP）系列卫星	Operational Linescan System（OLS）	2700	美国	1992年至今	数据极为丰富（年平均影像可以免费下载，月平均和每日影像需要订购）
Suomi National Polar-orbiting Partnership（NPP）卫星	Visible Infrared Imaging Radiometer Suite（VIIRS）	740	美国	2001年至今	数据极为丰富（部分月平均影像可以免费下载，每日影像可以免费下载）
Satelite de Aplicaciones Cientificas-C（SAC-C）卫星	High Sensitivity Technological Camera（HSTC）	200～300	阿根廷	2001年至今	数据贫乏（数据不对普通用户开放）

续表

平台名称	传感器	空间分辨率/m	所在国	已有存档影像	数据可获取性
Satelite de Aplicaciones Cientificas-D(SAC-D)卫星	High Sensitivity(HSC)	200	阿根廷	2012年至今	数据贫乏（数据不对普通用户开放）
Barth Remote Observation System-B（BROS-B）卫星	全色波段传感器	0.7	以色列	2013年至今	未知（需要商业订购）
国际空间站（International Space Station）	数码相机（由宇航员拍摄）	30~50	美国、俄罗斯等国	2000年至今	数据较为贫乏（已有的影像可以免费下载）
珞珈一号	CMOS	130	中国	2018年9月至今	注册用户可免费下载

2.2.3 遥感影像选择原则

（1）时空分辨率需求

尺度包括时间尺度和空间尺度，尺度的大小和空间现象的本质有内在的联系（明冬萍 等，2008）。明确应用需求，是选择合适的遥感影像的前提，因此需先对研究对象的时空特征进行分析。如监测季节性生态环境的变化与年际城市发展变化所需要的遥感影像数据不尽相同。

按照需求的不同可分为以下几种。

① 高程需求：在研究或制图过程中需要使用到地物的立体信息，则需要考虑高程维问题，往往会选择能提供3D信息的立体影像和雷达干涉测量数据。

② 长时间序列需求：对于环境生态问题的监测、年际性变化、季节性变化研究的需求，必须注重遥感影像数据在时间维上的连续性及质量。

③ 短周期监测需求：天气预报、洪水监测等应用需要短周期的时间分辨率，常以"小时"为单位，与长时间序列的研究区别较明显。

④ 高空间分辨率需求：对于城市区域的遥感分析和制图，需要有高空间分辨率的遥感影像，航空摄影和航空数字扫描仪可以满足该需求。

不同遥感目的所要求的空间分辨率如表2-12所列。

（2）时相特征需求

一切的自然地理现象都是处于变化发展中的，遥感影像的拍摄具有时刻性，是短暂而又局部的记录。遥感周期性成像的特点为进行环境监测和跟踪提供了多时相的遥感影像。因此，对于特定的研究对象，必然存在最佳时相遥感影像的选择要求（邹尚辉，1985）。

表 2-12 环境特征的地面分辨率要求

环境特征	地面分辨率要求/m	环境特征	地面分辨率要求/m
Ⅰ.巨型环境特征		交通道路规划	50
地壳	10000	土壤识别	75
成矿带	2000	土壤水分	140
大陆架	2000	土壤保护	75
洋流	5000	灌溉计划	100
自然地带	2000	森林清查	400
生长季节	2000	山区植被	200
Ⅱ.大型环境特征		山区土地类型	200
区域地理	400	海岸带变化	100
矿产资源	100	渔业资源管理与保护	100
海洋地质	100	Ⅲ.中型环境特征	
石油普查	1000	作物估产	50
地热资源	1000	作物长势	25
环境质量评价	100	天气状况	20
植物群落	50	水土保持	50
土种识别	20	Ⅳ.小型环境特征	
洪水灾难	50	污染源识别	10
径流模式	50	海洋化学	10
水库水面监测	50	水污染控制	10~20
城市、工业用水	20	港湾动态	10
地热开发	50	水库建设	10~50
地球化学性质、过程	50	航行设计	5
森林火灾预报	50	港口工程	10
森林病害探测	50	鱼群分布与迁移	10
港湾悬浮质运动	50	城市工业发展规划	10
污染监测	50	城市居住密度分析	10
城区地质研究	50	城市交通密度分析	5

1)遵循物候规律

运用遥感卫星数据进行环境监测已成为重要趋势,其中尤为突出的是植被健康状况监测。为使所得对比结果差异最大化,遥感像片的成像时间宜选在物候现象最丰富、种间物候差异最大的时期。因此,需深入了解植被的生长特性,遵循物候规律,明确不同时间段遥感影像中植被的差异。

2) 遵循太阳高度角规律

因太阳高度角的变化会引起"阴影效应"的差异，所以在研究过程中需选取合适的太阳高度角以达到试验要求。如研究城市基础设施时，可选择深秋、冬季及初春，较好地避免树木阴影的影响，为避免太阳角对建筑产生的阴影影响研究精度，可选择中午的遥感影像数据。太阳高度角减小时，大气光学质量加大，太阳辐射能穿过大气时，蓝、绿波段辐射减小，植物光谱特性曲线将发生变化；植物的树冠及其叶子所产生的本影及落影对植物的发射光谱均有影响，阴影过大时，不仅降低植物的反射率，而且会减少反映在遥感影像上的有用信息。

3) 光谱特征需求

在选择遥感影像时，除考虑时空和时相特征需求外，还应考虑光谱特征需求。不同地物有不同的光谱特征，我们可以根据特定项目的应用目的，选择有针对性的波段数据以及传感器。如表 2-13 列出了 Landsat 9 卫星不同波段的遥感意义。

表 2-13 Landsat 9 卫星参数

波段	光谱范围/μm	分辨率/m	功能
B1（海岸）	0.43～0.45	30	帮助测量沿海地区的叶绿素浓度（海洋颜色）
B2（蓝）	0.45～0.51	30	用于水体穿透，分辨土壤植被
B3（绿）	0.53～0.59	30	用于分辨植被
B4（红）	0.64～0.67	30	处于叶绿素吸收区，用于观测道路，裸露土壤，植被种类等
B5（近红外）	0.85～0.88	30	用于估算生物量，分辨潮湿土壤
B6（短波红外1）	1.57～1.65	30	用于分辨道路、裸露土壤、水，还能在不同植被之间有好的对比度，并且有较好的大气、云雾分辨能力
B7（短波红外2）	2.11～2.29	30	对岩石、矿物的分辨很有用，也可用于辨识植被覆盖和湿润土壤
B8（全色波段）	0.50～0.68	15	为15m分辨率的黑白图像，用于增强分辨率
B9（圈云波段）	1.36～1.38	30	包含水汽强吸收特征，可用于云检测
B10（热红外1）	10.60～11.19	100	感应热辐射的目标
B11（热红外2）	11.50～12.51	100	感应热辐射的目标

4) 数据可获得性

一旦确定了影像数据的需求，就要开始比较遥感数据的可获得性和成本。数据的可获得性依赖于是否有存档的历史影像数据，或是否能够根据需求订购未来的数据（贾海峰，2006）。

第3章

遥感指数

地物波谱特征的独特性为遥感指数构建提供了物理基础，根据该特征构建的遥感指数可用于增强地物的光谱特征或定量探测特殊地物的特征，从而达到识别或区分地表覆盖的目的（吴炳方 等，2017；Gu et al.，2021）。基于遥感指数计算简单等优势，遥感指数可应用的场景非常广泛，一般根据研究目的及研究区特征等因素构建适宜的遥感指数，以实现快速、高效、大范围地提取目标地物。目前，已发展出众多遥感指数，包括植被指数、水体指数、建筑指数、不透水面指数等，在地物识别、生态环境保护、城市发展监测等方面发挥了巨大的作用。

3.1 植被指数

植被指数是遥感领域中用来表征地表植被覆盖、生长状况的一个简单、有效的度量参数（郭铌，2003）。植被指数的建立是基于植被在红色和近红外波段反差较大的光谱特征，本质上是在综合考虑各有关的光谱信号的基础上，把多波段反射率做一定的数学变换，使其在增强植被信息的同时，使非植被信号最小化（罗亚 等，2005）。以下对一些比较典型的植被指数做简单的介绍。

3.1.1 基于波段简单线性组合的植被指数

（1）比值植被指数

比值植被指数（ratio vegetation index，RVI）是最早的植被指数，由 Jordan（1969）提出，又称绿度，定义为近红外通道与可见光（红光）通道反射率的比值（RVI=NIR/R）。RVI 强化了植被在近红外和红光波段反射率的差异，比单波段信息监测植被更为稳定,在植物生长的整个阶段能较好地反映植被的覆盖度和生长状况的差异,特别适用于植被生长旺盛、具有高覆盖度时的植被监测。应用该指数需注意的是,当植被覆盖不够浓密(<50%)时,RVI 的分辨能力减弱;当植被覆盖很茂密时,反射的红光辐射减小,RVI 有无限增长的趋势。

(2) 针对特殊传感器的植被指数

Kauth 等(1976)基于经验的方法,在忽略大气、土壤、植被间相互作用的前提下,针对 Landsat MSS 的特定遥感图像,发展了土壤亮度指数(SBI)、绿度植被指数(GVI)、黄度植被指数(YVI)。Wheeler 和 Misra 等(1976)基于 Landsat MSS 图像进行主成分分析,通过计算这些指数的多项因子又发展了 Misra 土壤亮度指数(MSBI)、Misra 绿度植被指数(MGVI)、Misra 黄度植被指数(MYVI)和 Misra 典范植被指数(MNSI)。

基于波段简单组合的这类植被指数大都是基于波段的线性组合(差或和)或原始波段的比值,由经验方法发展的,没有考虑大气影响、土壤亮度和土壤颜色,也没有考虑土壤、植被间的相互作用,且大多数是针对特定的遥感器(Landsat MSS)并为明确特定应用而设计的,有较强的应用限制性(田庆久 等,1998)。

3.1.2 消除影响因子的植被指数

针对波段简单线性组合的植被指数的局限性,之后又开发了许多消除各种影响的植被指数,归纳起来可以分为消除土壤、大气及综合因子影响 3 个方面的植被指数。

(1) 消除土壤影响的植被指数

1) 垂直植被指数(PVI)

为了消除土壤因素的影响,Kauth 和 Thomas(1976)较早进行了尝试,基于土壤线理论,发展了垂直植被指数。相对于 RVI,PVI 受土壤亮度的影响比较小。后来,Jackson 等(1983)又拓宽了 PVI 基于 n 维光谱波段并在 n 维空间中计算植被指数的方法,普遍地用"n"波段计算"m"个植被指数($m \leqslant n$)。

$$\mathrm{PVI} = (\mathrm{NIR} - a\mathrm{Red} - b)/\sqrt{a^2+1} \tag{3-1}$$

式中 a——土壤线的斜率;

b——土壤线的截距;

NIR——近红外波段;

Red——红波段。

2) 土壤调节植被指数(SAVI)及其修正

为了减少土壤和植被冠层背景的双层干扰,Huete(1988)提出了土壤调节植被指数(SAVI)。

$$SAVI = \frac{NIR - Red}{NIR + Red + L} \times (L + 1) \tag{3-2}$$

式中　NIR——近红外波段；

　　　Red——红波段；

　　　L——土壤亮度指数。

该指数看上去似乎由归一化差异植被指数（NDVI）和 PVI 组成，其创造性在于引入了土壤亮度指数 L，建立了一个可适当描述土壤-植被系统的简单模型。L 的取值取决于植被的密度，建议的最佳值为 0.5，也可以在 0（黑色土壤）~1（白色土壤）之间变化。实验证明，SAVI 降低了土壤背景的影响，但可能丢失部分背景信息，导致植被指数偏低。

为减小 SAVI 中裸土影响，Qi 等（1994）提出了修正的土壤调节植被指数（MSAVI）。它与 SAVI 最大区别是 L 值可以随植被密度自动调节，较好地消除了土壤背景对植被指数的影响。

$$MSAVI = \{2NIR + 1 - [(2NIR + 1)^2 - 8(NIR - Red)]^{1/2}\}/2 \tag{3-3}$$

（2）消除大气影响的植被指数

1）抗大气植被指数（ARVI）

Kaufman 和 Tanre（1992）根据大气对红光的影响比近红外大得多的特点，在定义 NDVI 时通过蓝光和红光通道的辐射差别修正红光通道的辐射值，类似于热红外波段的劈窗技术（the split window technique），建立了抗大气植被指数（ARVI）。

$$ARVI = (R_{NIR} - R_{RB})/(R_{NIR} + R_{RB})$$
$$R_{RB} = R_{red} - \gamma(R_{blue} - R_{red}) \tag{3-4}$$

式中　R_{NIR}——近红外波段的反射率；

　　　R_{red}——红光波段的反射率；

　　　R_{blue}——蓝光波段的反射率；

　　　γ——大气调节参数。

研究表明，ARVI 对大气的敏感性比 NDVI 约降低 80%。γ 是决定 ARVI 对大气调节程度的关键参数，取决于气溶胶的类型。Kaufman 推荐的 γ 为常数 1，仅能消除某些尺寸气溶胶的影响，有很大的局限性；且 ARVI 进行预处理时需要输入的大气实况参数往往难以得到，这造成了一定的应用困难。

2）修正抗大气植被指数（IAVI）

张仁华等（1996）在 ARVI 的基础上，运用大气下方光谱同步观测值以及大气辐射传输方程，得到了纠正 NDVI 的关键参数 γ，使 γ 值可在 0.65~1.21 之间变化，同时，也不必采用辐射传输模型进行预处理，则可建立了新的抗大气影响植被指数（IAVI）。根据实际观测研究表明，大气对 IAVI 影响误差为 0.4%~3.7%，比 NDVI 的 14%~31% 有明显的减小。

(3) 消除综合因子影响的植被指数

归一化差异植被指数（NDVI）是对 RVI 非线性归一化处理后得到的植被指数。

$$NDVI = (NIR － Red)/(NIR ＋ Red) \qquad (3-5)$$

NDVI 反映了植被光谱的典型特征，消除了部分大气程辐射和太阳-地物-卫星三者相对位置（遥感几何）的影响，增强了对植被的响应能力，具有简单易操作的特点，是目前应用最广的植被指数。

由于大气气溶胶和遥感几何的日变化可能很大，NDVI 无法完全消除其影响，从而影响 NDVI 与反演目标间精确的数学关系。许多研究也表明，NDVI 也受到定标和仪器特性、云和云影、大气、双向反射率、土壤及叶冠背景、高生物量区饱和等因素影响，使其应用受到限制（沙晋明，2017）。

3.1.3 针对高光谱遥感及热红外遥感的植被指数

传统的宽波段遥感数据（如 MSS、TM）研究植被是由于波段数少、光谱分辨率低，并且利用其计算出的植被指数也基本都是基于不连续的红光和近红外波段，所能反演的信息量少（Blackburn，1998）。随着高光谱分辨率遥感的发展以及热红外遥感技术的应用，又发展了一些新的植被指数，例如基于高光谱遥感的植被指数、基于热红外遥感的植被指数和基于两个或三个离散波段的植被指数等。

(1) 基于高光谱遥感的植被指数

在高光谱遥感的植被指数中，比较典型的是红边植被指数和导数植被指数。红边植被指数是基于红边（680～750nm）的光谱特征得到的。在红边研究中，主要采用红边斜率和红边位置来描述红边的特性。红边斜率主要与植被覆盖度或叶面积指数有关，覆盖度越高，红边斜率就越大。红边位置受叶绿素 a、b 的浓度与植被叶细胞结构的变化而发生移动。如濮毅涵等（2021）基于 Sentinel-2 数据构建植被红边斜率计算模型，用作湖滨带植被群落分类依据。

导数植被指数由于它能压缩背景噪声对目标信号的影响或不理想的低频信号，被应用在目前的高光谱遥感研究中，尤其是在利用高光谱遥感提取植被化学成分信息方面得到成功的应用。如徐庆等（2018）通过实验表明，基于一阶导数构建的差异植被指数可以有效估计不同水稻 4 个生长期的叶片含水量。

(2) 基于热红外遥感的植被指数

基于热红外遥感的植被指数本质上是把热红外辐射（如地面亮度温度）和植被指数结合起来进行大尺度范围的遥感应用。如康尧等（2021）基于 2000～2019 年 MODIS-NDVI 和 MODIS-LST 数据构建 NDVI-LST 特征空间，根据该特征空间计算温度植被干旱指数，对内蒙古高原地区干旱时空变化特征以及未来干旱变化趋势进行了分析。

(3) 基于两个或三个离散波段的植被指数

基于两个或三个离散波段的植被指数以生理反射植被指数 PRI 和叶绿素吸收比值指数 CARI 为代表。PRI 是由 Gamon 等（1992）在对向日葵生化特性的短期变化（如一天的植被的光合作用）探测基础上提出的，当时名称为 physiological reflectance index（PRI），并认为 PRI 与净光合作用有关。后来 Peñuelas 等（1995）把它推广到其他应用领域，对其进行了修正，并改名为 photochemical reflectance index，一直沿用至今。

3.2 水体指数

水体指数法是基于水体光谱特征分析，选取与水体识别密切相关的波段，通过构建水体指数模型来分析水体与光谱值之间的关系，并给定相应的阈值，实现对水体信息的提取（李丹 等，2020）。在众多的水体遥感信息提取技术中，基于水体遥感指数的技术无疑是应用最广泛的，现有全球以及大区域的地表水体分布制图几乎都离不开水体遥感指数（徐涵秋，2021）。水体指数的发展有复杂化的趋向，早期水体指数构建仅用双波段，后期多用多波段，甚至 5～6 个波段，计算上也趋向复杂化。总的来看，水体指数的构建基本可分为差值型和比值型两种类型。

差值型和比值型指数虽然构建形式不同，但它们的构建机理是一致的，即在遥感影像的多个光谱波段内，分别寻找出水体的最强反射波段（或波段组）和最强吸收波段（或波段组）。将最强反射波段（或波段组）作为分子或被减数，最强吸收波段（或波段组）作为分母或减数，通过比值或差值运算以扩大二者的差距，使水体信息得到增强，非水体地物受到抑制。

3.2.1 差值型水体指数

(1) 混合水体指数（CIWI）

由光谱和影像特征分析可知，近红外通道 CH7 的城镇光谱值最高，水体的光谱值最低，城镇和水体光谱值差异最大，易于区分水体与城镇。莫伟华（2007）提出的混合水体指数模型中首先用 CH7 与 CH7 的均值的比值构成无量纲数 NIR，再将其与无量纲数求和，使其水体仍保持在低值区，城镇处于高值区，植被介于两者之间，从而增强三者之间的差异。

$$CIWI = NDVI + NIR + C \tag{3-6}$$

式中　NIR——CH7 与 CH7 的均值的比值；

　　　C——常数。

该水体指数模型用植被指数结合近红外波段，增大了水体与其他地物的差异，但该模型在水体种类多样、水质复杂状态下，水体第6、第7波段反射率增加，同样存在不易区分水体与建筑、裸地甚至稀疏植被边界的情况（杨宝钢 等，2011）。

(2) 自动水体提取指数（AWEI）

Feyisa等（2014）针对水体指数必须采用人为确定的阈值来进行水体提取的问题，提出了无需阈值的自动水体提取指数AWEI，即采用0阈值来提取水体。同时，该指数又分别针对阴影区和无阴影区设置了2个次级指数，分别为AWEIsh和AWEInsh。AWEInsh适用于没有阴影的场景，而AWEIsh则是为了进一步地剔除AWEInsh提取结果中易与水体信息混淆的阴影等地物，适用于阴影较多的场景（王大钊 等，2019）。Feyisa指出自动水体提取指数不适用于含有高反射率的地物场景，例如有雪的环境。

$$AWEIsh = Blue + 2.5Green - 1.5(NIR + SWIR1) + 0.25SWIR2$$
$$AWEInsh = 4(Green - SWIR1) - (0.25NIR + 2.75SWIR2) \quad (3-7)$$

式中 Blue、Green、NIR、SWIR1、SWIR2——蓝波段、绿波段、近红外波段、短波红外1波段、短波红外2波段的地表反射率。

(3) 水体指数2015（WI2015）

Fisher等（2016）在WI2006的基础上提出了一种新的基于线性判别分析的水体指数（water index，WI2015）。该指数用线性判别分析分类（linear discriminant analysis classification，LDAC）确定最佳分割训练区类别的系数，提高了分类精度（王大钊 等，2019）。实验证明，该指数不能够稳定地在水体提取过程中识别山体阴影、建筑物阴影和雪等地物问题（黄远林 等，2020）。

$$WI_{2015} = 1.7204 + 171Green + 3Red - 70NIR - 45SWIR1 - 71SWIR2 \quad (3-8)$$

式中 Green、Red、NIR、SWIR1、SWIR2——绿波段、红波段、近红外波段、短波红外1波段、短波红外2波段。

3.2.2 比值型水体指数

(1) 归一化差异水体指数（NDWI）

Mcfeeters（1996）根据归一化差异植被指数（normalized difference vegetation index，NDVI）的构建原理，对应TM影像，利用绿波段和近红外波段构建了归一化差异水体指数（normalized difference water index，NDWI）。

$$NDWI = (Green - NIR)/(Green + NIR) \quad (3-9)$$

式中 Green——绿波段；
　　　NIR——近红外波段。

然而，Mcfeeters 在构建 NDWI 指数时，只考虑到了植被因素，却忽略了地表的另一个重要因素——土壤/建筑物。由于后者在绿光和近红外波段的波谱特征与水体几乎一致，即在绿光（TM2）的反射率高于近红外波段（TM4），且有的还具有较大的反差。因此，采用该公式计算出来的 NDWI 指数中，建筑物和土壤也呈正值，有的数值还比较大，容易和水体混淆，形成噪声。显然，用 NDWI 来提取有较多建筑物背景的水体，如城市中的水体，不会达到满意的效果（徐涵秋，2005）。

（2）改进归一化差异水体指数（MNDWI）

徐涵秋（2005）通过谱间特征分析发现，建筑物的反射率从 4 波段到 5 波段骤然转强，于是将 NDWI 指数做了修改，用中红外波段（MIR）替换了原来 NDWI 近红外波段（NIR），计算出来的建筑物的指数值将明显减小。反之，由于水体在中红外波段的反射率继续走低，因此替换后得出的指数值将会增大。这一增一减将使得水体与建筑物的反差明显增强，大大降低了二者的混淆，减少了背景噪声，从而有利于水体专题信息的准确提取。另外，由于 MNDWI 模型采用了归一化的比值运算，所以它可以消除地形差异的影响，从而解决了水体信息中有阴影的问题（徐涵秋，2005）。

$$MNDWI = (Green - MIR)/(Green + MIR) \tag{3-10}$$

式中　Green——绿波段；

　　　MIR——中红外波段。

但由于 MNDWI 的构成采用了中红外波段，因此该模型不适用于无中红外波段的传感器影像（徐涵秋，2005）。

（3）改进的组合水体指数（MCIWI）

杨宝钢等（2011）将 CIWI 中的近红外波段用 NDBI 替换，以增大水体与其他地物的区分度，提出了一种改进的组合水体指数 MCIWI。

$$MCIWI = NDVI + NDBI \tag{3-11}$$

当水质浑浊时，水体第 2 波段反射率变大，应用改进的组合水体指数模型可能会出现漏提水体的现象（陆吉贵，2018）。

3.3 建筑指数

3.3.1 归一化建筑指数（NDBI）

杨山在研究城镇空间形态的信息提取时，提出了仿归一化植被指数，该指数随后又被查勇等（2003）进一步命名为归一化建筑指数（NDBI）。该指数主要基于城市建筑用地（多为不透水面）在 TM 5 波段的反射率高于 4 波段的特点而创建。

$$NDBI = (MIR - NIR)/(MIR + NIR) \tag{3-12}$$

式中　MIR——中红外波段；

NIR——近红外波段。

但是，由于异物同谱和同物异谱现象，当裸地和城镇光谱就比较接近、城镇内部或附近有裸地存在时，二者就很难区分开，当农田休闲时也会出现类似情况（查勇 等，2003）。

3.3.2　新型建筑用地指数（IBI）

徐涵秋（2005）提出新型建筑用地指数。选取归一化建筑指数（NDBI）、修正归一化差异水体指数（MNDWI）和土壤调节植被指数（SAVI）构成新的3波段影像，减少了数据的相关性和冗余度，降低了不同地类间的光谱混淆程度，因此利用简单的监督分类法就可以较有效地提取出城市建筑用地的信息。

$$IBI=\frac{2SWIR/(SWIR+NIR)-[NIR/(NIR+Red)+Green/(Green+SWIR)]}{2SWIR/(SWIR+NIR)+[NIR/(NIR+Red)+Green/(Green+SWIR)]} \quad (3-13)$$

式中　SWIR、NIR、Red、Green——短波红外波段、近红外波段、红波段、绿波段。

但有学者指出，IBI是基于NDBI创建的，因此在其所提取的建筑用地信息中不可避免地也包含裸地信息，甚至有增强裸地信息的趋势（吴志杰 等，2012）。

3.3.3　增强的指数型建筑用地指数（EIBI）

吴志杰等（2012）首先利用TM7、TM4、TM2波段创建归一化差值裸地与建筑用地指数（normalized difference bareness and built-up index，NDBBI），然后根据裸地在裸土指数（bare soil index，BSI）图像上的亮度值最高、在MNDWI图像的亮度值最低的特征，提出了增强型裸土指数（enhanced bare soil index，EBSI）；最后选用NDBBI、EBSI、MNDWI和SAVI四个指数，构建"增强的指数型建筑用地指数"。

其模型的表达式为：

$$EIBI=\frac{NDBBI-(4EBSI+SAVI+MNDVI)/6}{NDBBI+(4EBSI+SAVI+MNDVI)/6} \quad (3-14)$$

在使用EIBI模型时，需注意以下问题：

① TM图像需经过绝对辐射校正，以减少因日照差异和大气条件不同造成的影响；

② 制作EIBI指数图像时需经过0～255的灰度值拉伸，不能直接使用归一化数据参与运算；

③ 构建EIBI模型需要用到TM图像的6个波段（除热红外波段），也适用于

有相同波段的 Landsat ETM+图像，但不适用于无此 6 个波段配置的其他遥感数据（吴志杰 等，2012）。

3.4 不透水面指数

诸如屋顶、沥青或水泥道路以及停车场等具有不透水性的地表面统称为不透水面（Chester et al.，1996）。相较于传统的人工调查方式，根据遥感技术进行不透水面提取具有省时省力、节约成本的优势，因此它已经成为实时、精确监控和绘制城市地区不透水面分布的主要手段，其相关理论方法也已经得到国内外的广泛研究（李德仁 等，2016）。

3.4.1 不透水面指数（ISA）

Carlson 和 Arthur（2000）基于像元二分法的思想创建了 ISA（impervious surface area）指数，将城市建成区每个像元视为仅由不透水面和植被组成，并指出不透水面与植被覆盖度呈负相关关系，因此将 ISA 定义为 1 与植被覆盖度之差。

$$ISA = (1 - Fr)_{dev} \tag{3-15}$$

式中　Fr——植被覆盖度；

　　　dev——已开发的建筑区。

ISA 的值在 0～1 之间，因此应用该指数可以获得连续的不透水面比例信息。使用该指数需要注意的是：首先，公式中的 Fr 采用的是 Carlson 和 Ripley（1997）提出的植被覆盖度，即取平方的植被覆盖度，这对植被覆盖度较低的城市建成区比较适合，它可以避免因对植被覆盖度的高估而导致对不透水面的低估；其次，由于该指数将像元简单地定义为仅由不透水面和植被组成，因此该指数只能用于以植被和不透水面为主的地区，不宜用于有裸土和水体的分布区。也正因如此，Carlson 和 Arthur（2000）在其公式中加入了 dev 下标，特指该指数只适用于建筑区。如果要将该指数用于非建筑区，则必须事先掩膜去水和裸土等像元，否则会造成不透水面的高估（徐涵秋，2016）。

3.4.2 归一化差值不透水面指数（NDISI）

徐涵秋（2008）提出不透水面信息可以用下列复合波段组成的归一化差值不透水面指数（NDISI）来增强。

$$NDISI = \frac{TIR - (MNDWI + NIR + MIR_1)/3}{TIR + (MNDWI + NIR + MIR_1)/3} \tag{3-16}$$

式中　NIR、MIR_1 和 TIR——影像的近红外、中红外 1 和热红外波段。

由于热红外波段的空间分辨率不高，即使通过和其他较细分辨率波段进行的指数运算可在一定程度上提高其分辨率，也仍存在混合像元的问题。因此，NDISI 指数对于高分辨率的不透水面制图具有一定的局限性（朱艾莉 等，2010）。

3.4.3 增强型不透水面指数（ENDISI）

穆亚超等（2018）选择 Blue、Red、NIR、SWIR1 以及 SWIR2 共 5 个波段创建了 ENDISI，该指数选择 Blue 和 SWIR2 波段作为不透水面增强的因子，并且对蓝光波段的影响进行扩大，将蓝光波段的值扩大 1 倍。选择 Red、NIR、SWIR1 作为抑制非不透水面的因子，然后通过差值运算，达到增强不透水面信息的效果。该指数具有归一化特征，结果介于 -1 和 1 之间。

$$\text{ENDISI} = \frac{(2\text{Blue}+\text{SWIR2})/2-(\text{Red}+\text{NIR}+\text{SWIR1})/3}{(2\text{Blue}+\text{SWIR2})/2+(\text{Red}+\text{NIR}+\text{SWIR1})/3} \tag{3-17}$$

式中　Blue、Red、NIR、SWIR1、SWIR2——影像的蓝光、红光、近红外、短波红外 1 和短波红外 2 波段。

需说明的是，由于该指数对蓝光波段的值进行了扩大，使具有低反射率的水体通过差值运算也得到了一定程度的增强，因此在计算之前需对影像的水体信息进行掩膜去除。此外，该模型会将雪地识别为透水面，同时会将云层识别为不透水面，因此需要在有较高的影像质量的基础上运用该指数（李益敏 等，2022）。

第 4 章

基于 SNAP 平台的哨兵-2 数据大气校正

自哨兵-2 卫星发射以来,其影像因免费、高时间和空间分辨率、多红边波段等优势备受瞩目。目前对哨兵-2 卫星数据的大气校正,存在着多种不同手段,欧洲空间局(简称欧空局)官方推荐使用 Sen2Cor 插件进行大气校正。有学者(苏伟 等,2018)结合实测地物光谱,比较了 SMAC 模型、6S 模型和 Sen2Cor 方法对哨兵-2 影像的大气校正精度,结果表明 Sen2Cor 方法的精度最高。本章案例将介绍如何利用欧空局的官方软件平台 SNAP 以及 Sen2Cor 大气校正插件,对哨兵-2 卫星影像进行大气校正,并导出为与其他遥感数据处理软件(如 ENVI 等)兼容的格式。

4.1 哨兵-2 数据格式

哨兵-2 卫星共有 5 种级别的数据产品,分别是 Level 0、Level 1A、Level 1B、Level 1C 和 Level 2A,其中 Level 1C(以下简称 L1C)和 Level 2A(以下简称 L2A)开放给用户下载。

① L1C 是经过正射校正和亚像元级几何精校正后的大气表观反射率(top-of-atmosphere reflectance)产品[每景数据约为 600MB,覆盖范围(100×100)km^2];

② L2A 是经过辐射定标和大气校正(bottom-of-atmosphere reflectance)的产品[每景数据约为 800 MB,覆盖(100×100)km^2 范围]。但在 2018 年 12 月之前的影像(除欧洲外),官方不提供 L2A 级别的下载,只能通过哨兵-2 工具箱(Sentinel-2 Toolbox)处理生成。

4.2 SNAP 软件平台

在进行下一步操作之前,需要准备 ESA 发布的哨兵数据应用平台(SNAP)

的哨兵-2 工具箱（Sentinel-2 Toolbox）以及 ESA 的大气校正插件 Sen2Cor。

4.2.1 Sentinel-2 Toolbox 的下载和安装

Sentinel-2 Toolbox，是 ESA 发布的 SNAP 中专门处理哨兵-2 影像数据的软件工具包（代号简称 S2TBX）。不但可以支持哨兵-2 卫星数据，还支持 Envisat（MERIS 和 AATSR）、ERS（ATSR）、RapidEye、SPOT、MODIS、Landsat（TM）、ALOS（AVNIR&PRISM）等卫星数据。截至目前，最新版本为 7.0.0（22.07.2019 13：30 UTC）。

ESA 的 SNAP 平台下载页面如图 4-1 所示，选择相应系统的 Sentinel Toolboxes 的下载链接，如 windows 64-bit，进行哨兵工具箱的下载和安装。

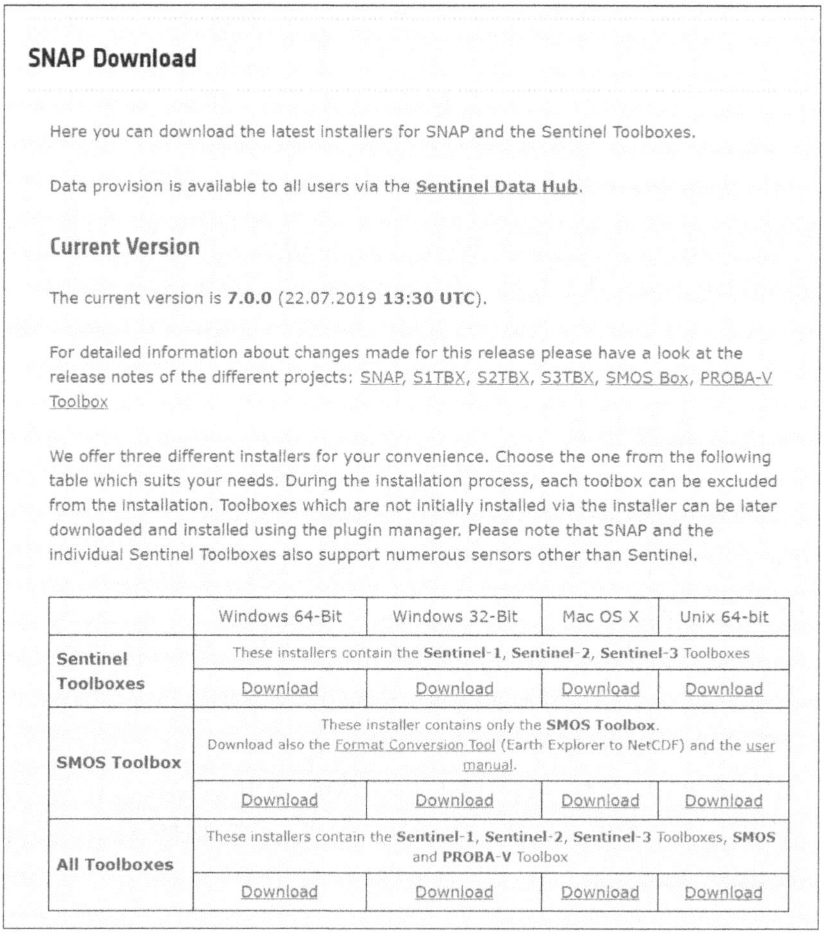

SNAP Download

Here you can download the latest installers for SNAP and the Sentinel Toolboxes.

Data provision is available to all users via the **Sentinel Data Hub**.

Current Version

The current version is **7.0.0** (22.07.2019 **13:30 UTC**).

For detailed information about changes made for this release please have a look at the release notes of the different projects: SNAP, S1TBX, S2TBX, S3TBX, SMOS Box, PROBA-V Toolbox

We offer three different installers for your convenience. Choose the one from the following table which suits your needs. During the installation process, each toolbox can be excluded from the installation. Toolboxes which are not initially installed via the installer can be later downloaded and installed using the plugin manager. Please note that SNAP and the individual Sentinel Toolboxes also support numerous sensors other than Sentinel.

	Windows 64-Bit	Windows 32-Bit	Mac OS X	Unix 64-bit
Sentinel Toolboxes	These installers contain the **Sentinel-1**, **Sentinel-2**, **Sentinel-3** Toolboxes			
	Download	Download	Download	Download
SMOS Toolbox	These installer contains only the **SMOS Toolbox**. Download also the Format Conversion Tool (Earth Explorer to NetCDF) and the user manual.			
	Download	Download	Download	Download
All Toolboxes	These installers contain the **Sentinel-1**, **Sentinel-2**, **Sentinel-3** Toolboxes, **SMOS** and **PROBA-V** Toolbox			
	Download	Download	Download	Download

图 4-1 SNAP 平台下载页面

安装完成之后，桌面将出现"SNAP Desktop"软件图标，双击之后随之出现启动界面（图 4-2），而后就会进入 SNAP 软件主界面（图 4-3）。至此，SNAP 软件平台及 Sentinel-2 Toolbox 安装完毕。

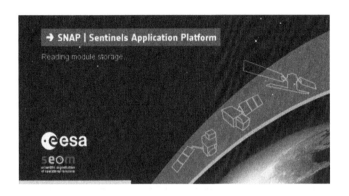

图 4-2　SNAP 软件启动界面

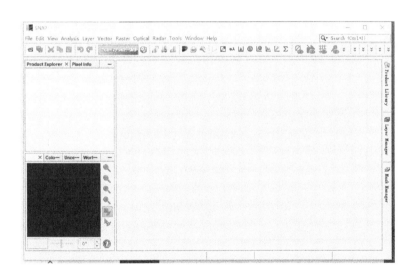

图 4-3　SNAP 软件主界面

由于该软件处理运行时，对缓存目录的磁盘空间要求较大，因此安装完成后，先对缓存目录做一个设置。依次点击菜单栏 Tools—Options，打开软件设置菜单（图 4-4）。

点击 Options 的 Performance 选项卡，可以先点击 Compute，让软件自动推荐合适的缓存目录，设置合适的缓存大小。如果有自己常用的缓存目录或者磁盘剩余空间较大的目录，也可以在 Cache Path 中设置自定义目录（图 4-5）。

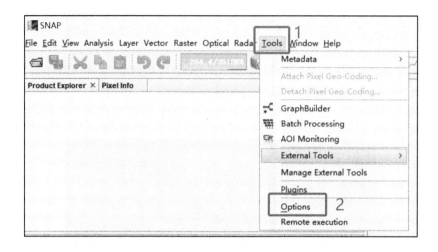

图 4-4　打开软件设置菜单功能

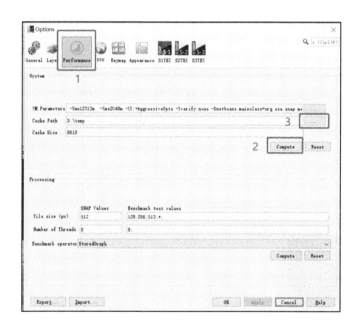

图 4-5　软件缓存设置

说明 1：安装 SNAP 时，推荐暂停各种防火墙和杀毒软件的监视功能，否则可能会拦截 SNAP 软件对注册表的写入行为，导致安装不完全或者失败。

说明 2：SNAP 启动后，会有 SNAP Update 的提示，咨询是否检测软件平台和所有插件的更新状态。推荐点选"yes"，进行更新检查。SNAP 及其所有插件均为免费，实时更新到最新版有助于减少错误提示，提升运行效率和系统兼容性。

4.2.2 大气校正插件 Sen2Cor 的下载和安装

前已提及,哨兵-2 的 L2A 级数据是经过辐射定标和大气校正的产品,那么由 ESA 官方发布的 Sen2Cor 插件本质上可以认为是哨兵-2 的 L2A 级数据产品的生成和格式化处理器。其输入源为 L1C 级数据,对其进行大气、地形和卷云校正;输出的产品格式与 L1C 级数据格式相同,为三种不同空间分辨率(60m、20m 和 10m)的 JPEG 2000 格式影像。

Sen2Cor 插件有命令行(独立运行)和图形用户界面(graphical user interface,GUI)(SNAP 调用运行)两种运行模式。这两种运行模式各有千秋,GUI 模式简单直观,学习成本低,但运行速度较低,无法进行批量影像校正;命令行模式没有 GUI,所有参数设定和运行完全依靠命令行脚本,有一定学习门槛,但是运行效率较高,且能进行批量影像校正。下面分别介绍这两种校正模式的实现方式。

Sen2Cor 的官方主页详细介绍了该插件并提供了命令行模式的压缩包下载。下面主要介绍 GUI 模式运行 Sen2Cor 插件的下载和安装方式。

4.2.2.1 步骤 1:调用插件(Plugins)功能

双击桌面 SNAP 图标,进入 SNAP 主界面。点击 Tools 工具栏,选择 Plugins(图 4-6)。

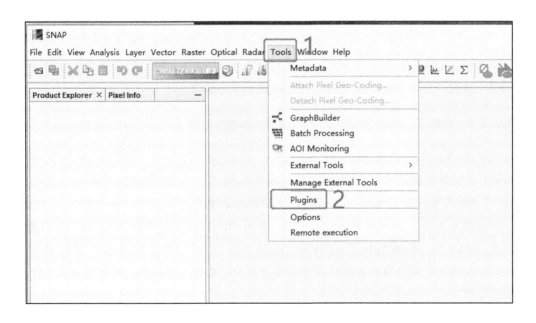

图 4-6 调用插件(Plugins)功能

4.2.2.2 步骤 2：安装 Sen2Cor 插件并检查更新

在插件（Plugins）功能页面，查看 Available Plugins 选项卡，可以找到 Sen2Cor 插件 V2.8.0 和 V2.5.5，勾选这两个选项，并单击 Install 进行安装（图 4-7）。

图 4-7 搜索安装 Sen2Cor 插件

安装成功后，重启 SNAP。再次点击 Tools 进入 Plugins，查看 Updates 选项卡，看 Sen2Cor 插件是否有更新。如果有，点击 Update（图 4-8），更新完成后进入下一步骤；如果没有（图 4-9），则直接进入下一步骤。

4.2.2.3 步骤 3：调用 Bundle download/installation 流程下载 Sen2Cor 插件支持包

点击 Tools，进入 Manage External Tools（图 4-10），此时，如果发现 Sen2Cor 插件前面的 Status 的状态是感叹号（图 4-11），而不是黑色对勾（图 4-12），说明需要进行 Bundle download/installation 流程。

启动方法是：分别选中 Sen2Cor255 和 Sen2Cor280，点击预运行（Run），就会进入 Bundle download/installation 流程（图 4-13）。安装完成后，就能看到 Sen2Cor 插件前面的 Status 的状态变为黑色对勾。此时，两个 Sen2Cor 插件才完整安装完毕。

第 4 章 基于 SNAP 平台的哨兵-2 数据大气校正

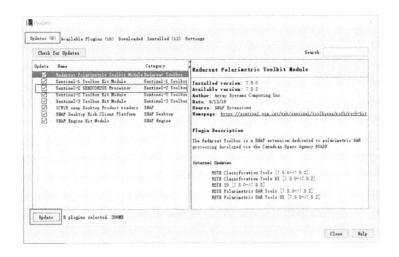

图 4-8　Sen2Cor 插件有更新的状态

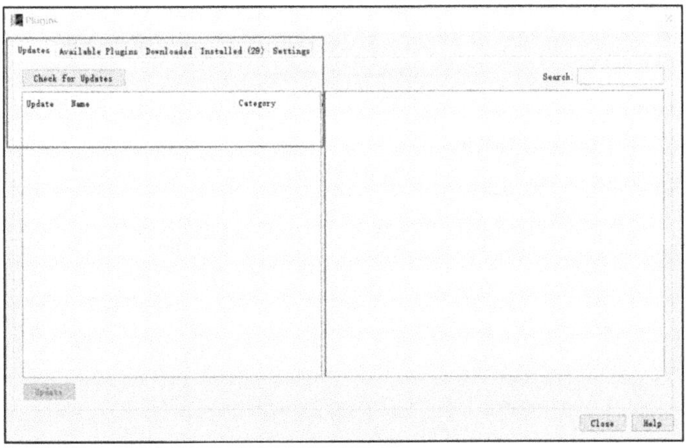

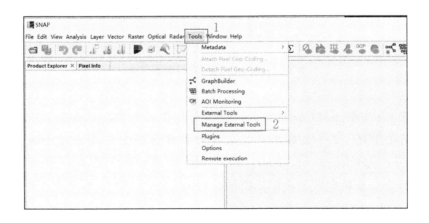

图 4-9　Sen2Cor 插件无更新的状态

图 4-10　调用 Manage External Tools 功能

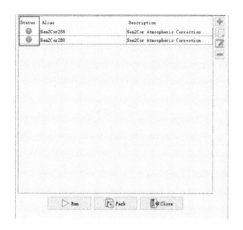

图 4-11　Sen2Cor 状态异常　　　　　　　　图 4-12　Sen2Cor 状态正常

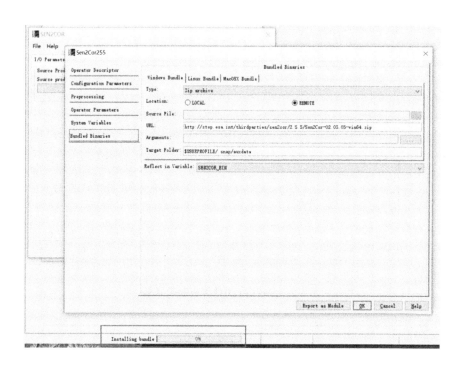

图 4-13　Bundle download 流程页面

　　说明 1：关于 Sen2Cor 的版本。目前平行存在的有 2.5.5 和 2.8.0 两个版本。简单来说，2.5.5 版本是用来处理根据哨兵-2 产品特性文档（products specification document，PSD）14.2 版本之前的规范生成的旧版 L1C 数据的；而 2.8.0 版本则是用来处理根据 PSD 14.5 或 14.2 的规范生成的 L1C 数据。

　　说明 2：哨兵-2 PSD 见参考文献 ESA，2017。

4.3 大气校正（GUI 模式）

4.3.1 打开并浏览影像

4.3.1.1 步骤 1：打开待校正的 L1C 影像数据

双击桌面 SNAP Desktop 图标，进入 SNAP 主界面。点击菜单栏 File，选择 Open Product…（图 4-14），指向哨兵-2 的 L1C 影像文件夹，点选 MTD_MSIL1C.xml 文件，以打开该景 L1C 影像数据（图 4-15）。

图 4-14　Open Product 界面

图 4-15　L1C 数据打开方式

4.3.1.2 步骤 2：浏览待校正影像

在 Product Explorer 窗口中，右击待浏览的影像数据，点选 Open RGB Image Window（图 4-16）。在弹出的窗口选项卡下拉菜单中点选 False-color Infrared（图 4-17），以标准假彩色显示数据，此时植被显示为红色（图 4-18，书后另见彩图）。

图 4-16　影像图层右击弹出菜单

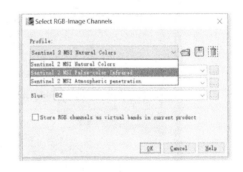

图 4-17　多光谱波段色彩组合显示菜单

利用工具栏上的选择、移动和缩放工具，可以对影像进行选择、平移和缩放操作（图 4-19）。此时，在界面左下角的 Navigation 窗口上，显示了影像数据的全貌。半透明窗口覆盖的范围，即为右侧影像的放大区域。可以借助 Navigation 窗口右侧一列工具图标对影像进行缩放和多影像"地理链接"的操作。该列工具从上至下分别是放大、缩小、放大到像元（pixel）大小、缩小到全貌（all）、同步关联所有影像、在所有影像上同步显示鼠标位置（图 4-20，书后另见彩图）。

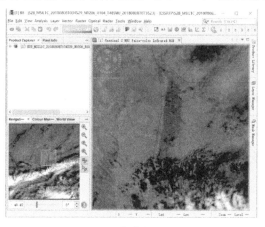

图 4-18　影像数据浏览界面

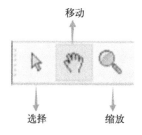

图 4-19　工具栏的选择、移动和缩放工具

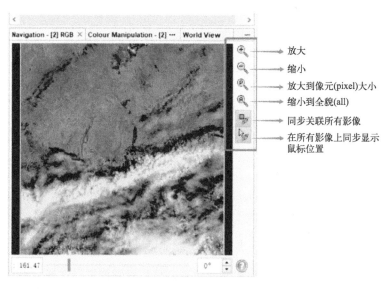

图 4-20　Navigation 窗口的缩放工作列

说明 1：Select RGB-image Channels 菜单选项卡分别可以选择真彩色（natural colors）、假彩色（false-color infrared）和大气透过性（atmospheric penetration）三种色彩组合，并且可以根据需要任意设置 RGB 的显示波段。默认的假彩色色彩组合是"标准假彩色"RGB843，即 3 个 10m 空间分辨率的 NIR、Red 和 Green 波段色彩组合。标准假彩色的显示特性是，植被由于其在 NIR 波段的高反射特性而在影像中显示为红色。

说明 2：Navigation 窗口的缩放工作列中，"同步关联所有影像"和"在所有影像上同步显示鼠标位置"功能，只有在同时显示 2 幅以上影像的情况下才有效。

4.3.2 执行大气校正

4.3.2.1 步骤 1：调用 Sen2Cor 插件功能

依次点选主菜单 Optical—Thematic Land Processing—Sen2Cor Processor，这里可以找到 Sen2Cor V2.8.0 和 V2.5.5，根据要处理的数据版本选择处理插件。在本例中，选择 Sen2Cor280（图 4-21）。

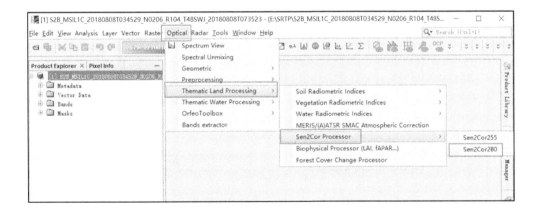

图 4-21　调用 Sen2Cor 插件功能

4.3.2.2 步骤 2：进行 Sen2Cor 插件参数设置

调用 Sen2Cor 插件后，在主处理界面可以看见待处理的 L1C 数据已经自动进入 Source product 选框内（图 4-22）。

此时点选 Processing Parameters 选项卡，进入参数设置。要注意的参数设置是分辨率 Resolution，其他参数选项可以保持默认。分辨率下拉框有 10、20、60 和 ALL 共 4 个选项，代表校正时使用的 L1C 数据的波段和重采样策略（图 4-23）。

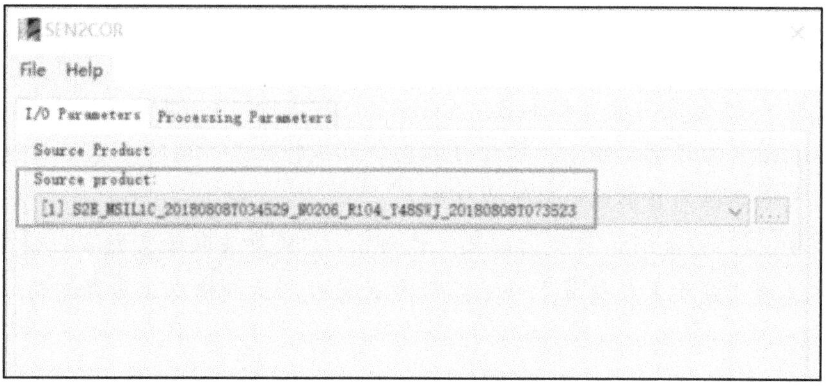

图 4-22 Sen2Cor 插件主处理界面

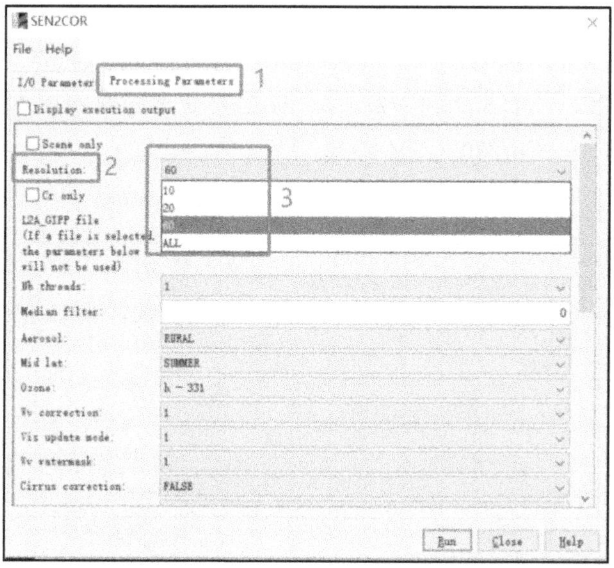

图 4-23 Sen2Cor 参数设置界面

在 Sen2Cor 2.5.5 版本中，不指定分辨率参数，会默认处理全部分辨率的 L1C 级数据影像（ESA，2018）；但是在 Sen2Cor 2.8 版本中，处理 10m 分辨率影像需要用到 20m 分辨率的处理结果，所以，无论是不指定分辨率参数，还是指定"10m 分辨率"，程序都会先进行 20m 分辨率的处理和输出，然后把 20m 的降采样（downsampling）为 60m 输出，最后再进行 10m 分辨率的处理和输出。这两个选项的校正结果约占 1.04G 磁盘空间。

如果是指定"20m 分辨率"，那么程序会先进行 20m 分辨率的处理和输出，然后把 20m 的降采样为 60m 输出。不对 10m 分辨率做校正处理。这个选项的校正结果约占 428MB 磁盘空间。

如果是指定"60m 分辨率",那么程序会直接进行 60m 分辨率的处理和输出,不对 10m、20m 分辨率做校正处理。这个选项的校正结果约占 78.9MB 磁盘空间。值得注意的是,只有"60m 分辨率"选项是真正对 L1C 的 60m 波段进行了大气校正,其他选项都是由 20m 分辨率的校正结果重采样而来的(ESA,2019)。

在本例中,Resolution 选项卡选择"ALL"选项。另外,勾选左上角的 Display execution output 选项,会在下方出现一个 CMD 窗口,实时显示执行 Sen2Cor 的命令行进度(图 4-24)。

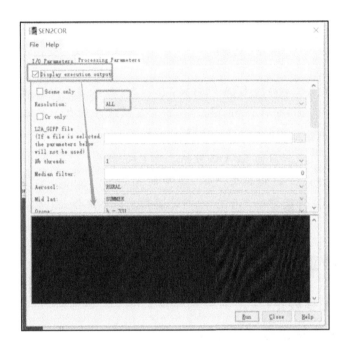

图 4-24 Sen2Cor 的 Display execution output 选项卡

> 说明:关于 Processing Parameters 选项卡具体的参数设置意义,可以参见 ESA 的 Sen2Cor 的用户手册(ESA,2018;ESA,2019)。

4.3.2.3 步骤 3:执行大气校正步骤

参数设定完成后,点击 Run,执行大气校正步骤。将会出现 Sen2Cor 进度条,代表校正进度。整个校正的时间长短与计算机硬件配置相关,处理一景数据用时 10~30min(图 4-25)。

处理完成之后,会弹出提示框,告知大气校正处理已经完成,并且自动载入校正之后的 L2A 级别数据到 Product Explorer 的显示框中(图 4-26)。

图 4-25　Sen2Cor 大气校正执行界面　　　图 4-26　大气校正成功结果界面

说明 1：大气校正后的 L2A 级数据，比 L1C 数据少了 B10 波段。因为 B10 波段是卷云波段（the cirrus channel），并不表征地表信息，因此 Sen2Cor 在操作中将其排除在外（ESA，2018；ESA，2019）。

说明 2：大气校正后的 L2A 级数据，比 L1C 数据，多了 Index Coding 文件夹、quality 文件夹、scl 掩膜文件夹。其中的 quality_scene_classification 栅格文件及其衍生的 slc 掩膜文件，含有 12 种地类信息，可用作云、雪、植被的识别。

4.4　大气校正（命令行模式）

4.4.1　单幅影像校正

4.4.1.1　步骤 1：下载 Sen2Cor 插件

在 Sen2Cor 的官方主页下载 Sen2Cor 的压缩包，包括 2.5.5 和 2.8.0 两个版本（图 4-27）。目前对于所有操作系统（包括 Windows），只有 64bit 程序包可选。下载后，将压缩包解压到任意路径即可（如 E:\Sen2Cor-02.08.00-win64；E:\Sen2Cor-02.05.05-win64），无需安装（图 4-28）。

说明：压缩包的解压路径，建议完全使用英文字母，并且路径中不要出现空格，例如 E:\Sen2Cor-02.08.00-win64，不要使用中文文件夹名称。否则易出现运行错误。

4.4.1.2　步骤 2：校正准备

以下示范使用 2018 年的哨兵-2B 星影像进行大气校正，相匹配的 Sen2Cor 版本为 2.8.0。由于 2.5.5 版本校正流程和 2.8.0 一致，故不再赘述。

第 4 章 基于 SNAP 平台的哨兵-2 数据大气校正

图 4-27 Sen2Cor 官方下载页面

图 4-28 Sen2Cor 解压及文件夹结构

将待校正的影像放入对应的 Sen2Cor 插件目录，如 E:\Sen2Cor-02.08.00-win64（图 4-29）。

键盘组合键，按"⊞+R"，调出"运行"菜单，输入"cmd"，调用 Windows 的 CMD 窗口（图 4-30）。

4.4.1.3 步骤 3：执行大气校正

（1）进入 Sen2Cor 文件夹

命令行如下，效果如图 4-31 所示。

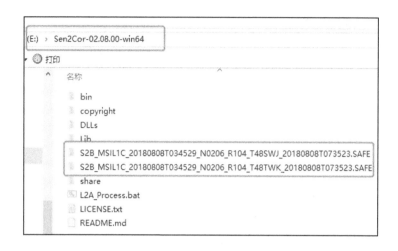

图 4-29　待校正文件夹放入对应目录

图 4-30　调用 Windows CMD 窗口

E：
cd Sen2Cor-02.08.00-win64
dir

（2）验证 Sen2Cor 程序有效性

命令行如下，表示调用 Sen2Cor 2.8.0 程序的"帮助"详情。如果返回图 4-32

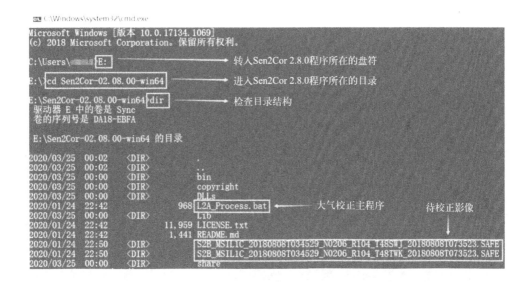

图 4-31 进入 Sen2Cor 文件夹

的画面,则表示 Sen2Cor 程序有效。

L2A _ Process. bat -h

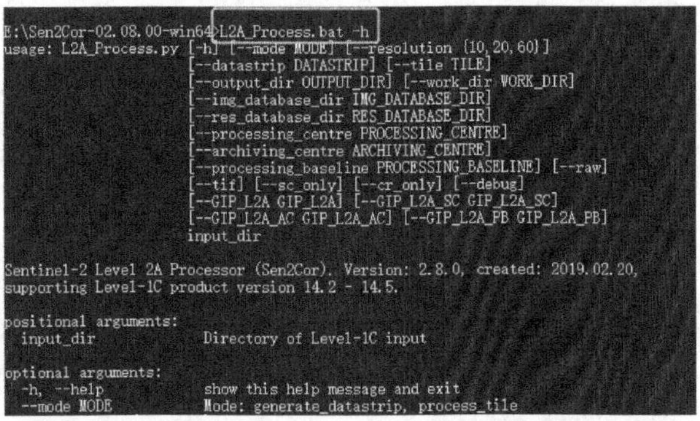

图 4-32 验证 Sen2Cor 程序有效性

(3) 执行大气校正

命令行如下。分辨率参数的配置和 GUI 模式逻辑相同。本例选择使用"10m"分辨率选项。当看到图 4-33 的提示信息,说明校正程序开始执行,处理成功会自动停止并提示整个过程用了多少时间(图 4-34)。整个校正的时间长短与计算机硬件配置相关,处理一景数据用时 20~50min。

L2A_Process.bat--resolution 10
S2B_MSIL1C_20180808T034529_N0206_R104_T48SWJ_20180808T073523.SAFE

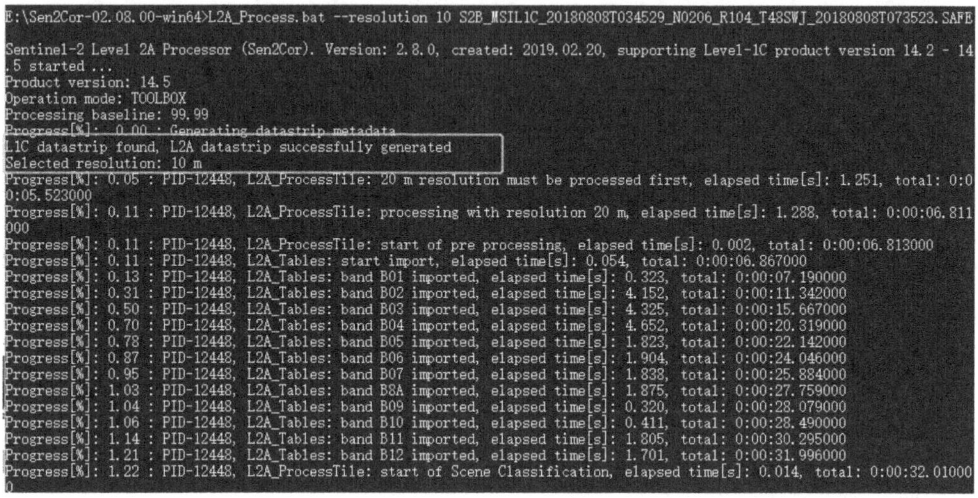

图 4-33　执行大气校正界面

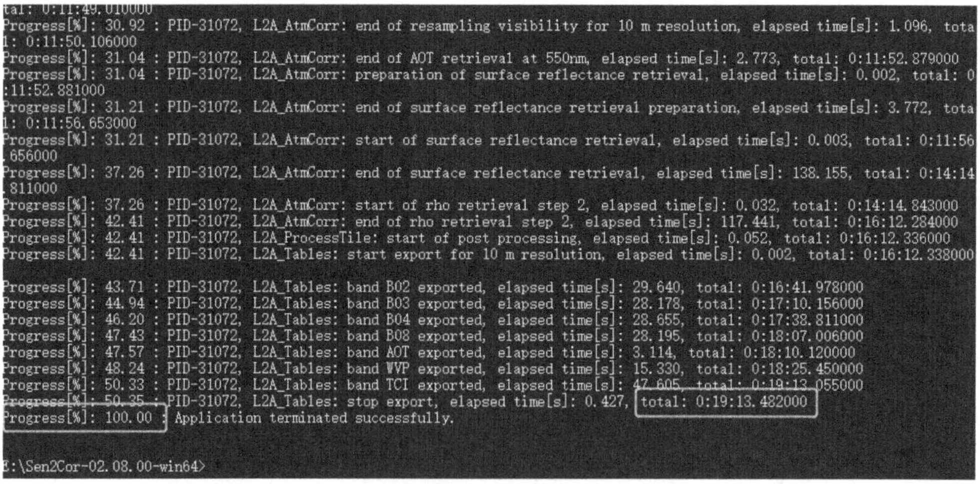

图 4-34　校正处理完成界面

4.4.2　批量影像校正

将所有要校正的影像，都放入 Sen2Cor 的批处理命令所在的文件夹（见图 4-29）。然后在 CMD 窗口执行命令行如下。执行后的反馈如图 4-35 所示。

for /D %i in (S2?_MSIL1C*.SAFE)do L2A_Process.bat--resolution 10 %i

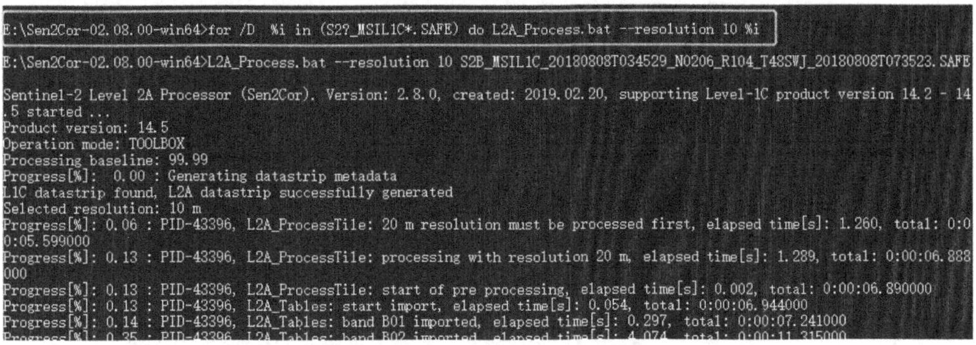

图 4-35 批处理命令行执行反馈

以上命令行中"S2?_MSIL1C*.SAFE"字符串的含义是，处理当前目录中所有以 S2 开头，中间有 L1C 字符串，以 SAFE 结尾的文件夹。其中"S2?"包含了 S2A 和 S2B 两颗卫星，限定"L1C"字符串是为了在批处理运行时，不再处理生成的校正之后的 L2A 级别的文件夹。

4.4.3 哨兵-2 L1C 影像大气校正万能脚本

为了方便读者运行 Sen2Cor 插件，本部分案例提供了 Sen2Cor 2.5.5 和 2.8.0 版本的大气校正万能处理脚本（Windows 系统），不论是单影像还是多景影像的大气校正处理，均可以直接双击脚本运行（SC255.bat 或 SC280.bat），无须打开 CMD 窗口，也无须额外输入任何指令。

使用万能脚本的方法是：

① 运行脚本（SC255.bat 或 SC280.bat）和所有待处理的 L1C 影像文件夹放入对应的 Sen2Cor 插件目录，与 L2A_Process.bat 同级（见图 4-29）；

② 直接双击运行对应脚本即可开始自动处理（图 4-36）。

以下为不同脚本的命名含义。

① SCC255.bat：默认处理全部分辨率的 L1C 级数据影像。

② SCC280-10m.bat：先进行 20m 分辨率的处理和输出，然后把 20m 的降采样为 60m 输出，最后再进行 10m 分辨率的处理和输出。

③ SCC280-20m.bat：先进行 20m 分辨率的处理和输出，然后把 20m 的降采样为 60m 输出，不对 10m 分辨率数据做校正处理。

④ SCC280-60m.bat：直接进行 60m 分辨率的处理和输出，不对 10m、20m 分辨率做校正处理。

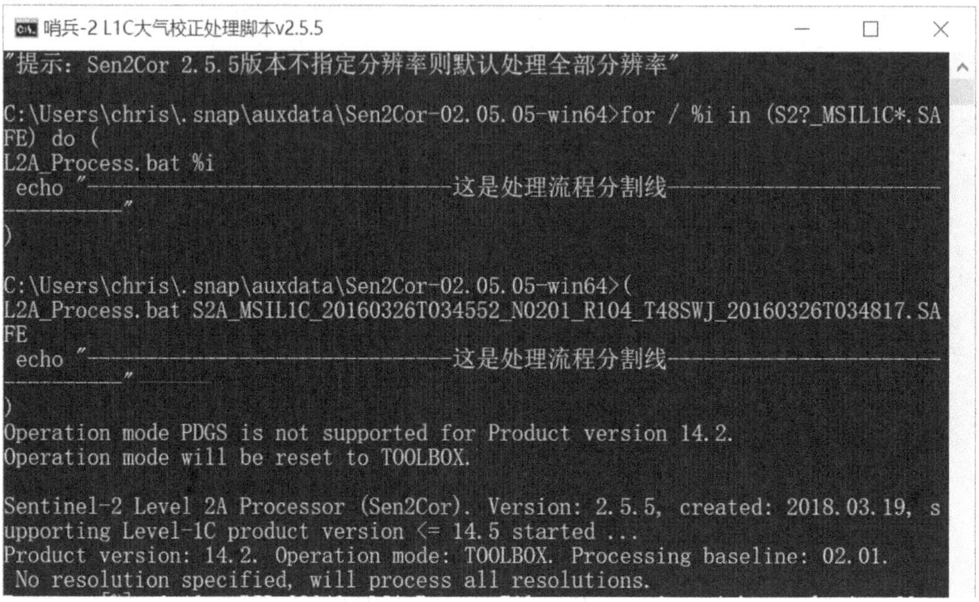

图 4-36　万能脚本运行界面示例（2.5.5 版本）

4.5　检查影像大气校正效果

苏伟等（2018）结合实测地物光谱，比较了 SMAC 模型、6S 模型和 Sen2Cor 方法对哨兵-2 影像的大气校正精度，结论表明，从 Band2~Band8A 波段的大气校正结果来看，Sen2Cor 方法的精度最高，其次为 6S 模型和 SMAC 模型。由此可见，Sen2Cor 的大气校正效果是可以保证的。

下面以植被典型光谱曲线验证的方式来了解大气校正效果的大体检查流程。

4.5.1　步骤 1：文件夹检查

检查 L1C 影像数据存放的文件夹，可以发现在相同位置出现了一个以 MSIL2A 命名的文件夹（文件夹其他字段和 L1C 级别文件夹名称完全相同），即为存放大气校正之后 L2A 影像数据之处（图 4-37）。

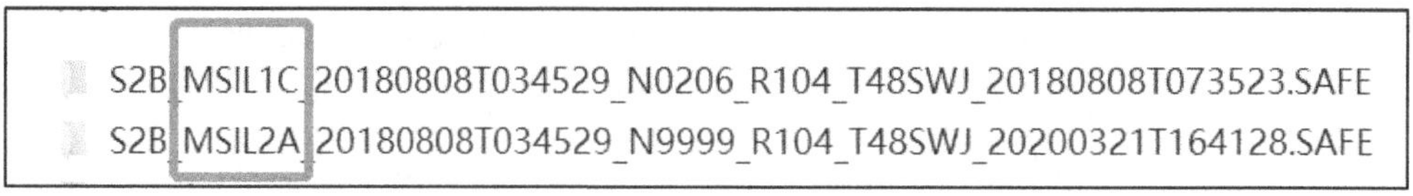

图 4-37　L2A 数据和 L1C 数据存放文件夹示意

4.5.2 步骤2：浏览展示校正后影像

大气校正成功后，校正后的 L2A 影像数据以"Output Product"命名。在 Product Explorer 窗口中的 Output Product 上右击，点选 Open RGB Image Window。在弹出的窗口选项卡下拉菜单中点选 False-color Infrared，以标准假彩色显示校正后的 L2A 数据（图 4-38）。此时，两幅影像（L1A 和 L2C 级别）都已经显示在主窗口中（图 4-39，书后另见彩图）。

图 4-38　标准假彩色显示 L2A 级校正影像

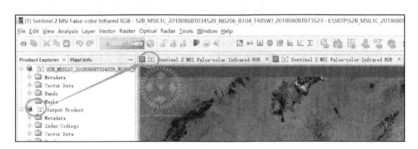

图 4-39　两幅影像显示的主界面

> 说明：同时浏览多景影像时，如何快速判断当前显示的为何景影像？可以注意观察图 4-39 两个红圈处的关联。影像窗口上的［2］字样代表这幅影像即为 Product Explorer 窗口中的［2］号 Output Product 影像数据。

4.5.3 步骤3：并列同时显示校正前后的影像

依次点选主菜单 Windows—Tile Evenly，将两幅影像并列摆放（图 4-40）。此时,在界面左下角的 Navigation 窗口上的工具图标对浏览的帮助很大。推荐选择"同步关联所有影像",以及"在所有影像上同步显示鼠标位置"功能(图 4-41,书后另见彩图)。

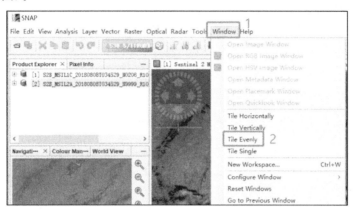

图 4-40　Window 菜单界面

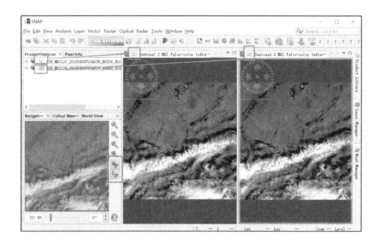

图 4-41　同时显示校正前后的影像界面

说明:Window 功能菜单下有 Tile Horizontally、Tile Vertically、Tile Evenly 和 Tile Single 4 个选项,分别是对所有窗口进行水平排列、垂直排列、均衡排列和恢复单独排列。在本例中,Tile Horizontally 与 Tile Evenly 的效果是一样的。

4.5.4　步骤 4:利用大头针 Pin 功能定点和传输点位

为了检验大气校正是否达到效果,可以随机选取影像中植被区域的像元,观察其光谱曲线在校正前后的变化。这里要用到大头针 Pin 功能和光谱浏览器 Spectrum View 功能。

首先将影像放大到图 4-42（书后另见彩图）中的红圈位置，此为植被覆盖区。

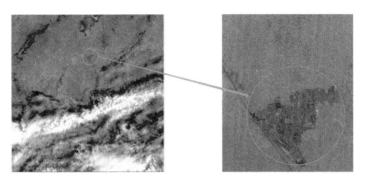

图 4-42　植被覆盖区示意图

利用工具栏的 Pin placing tool，在任意植被像元上定点（图 4-43）。然后打开工具栏的 Pin Manager，利用 Transfer 功能，将这个 Pin 传输到另外一幅影像中的相同位置（图 4-44，书后另见彩图）。

图 4-43　Pin placing tool 和 Pin Manager 功能菜单

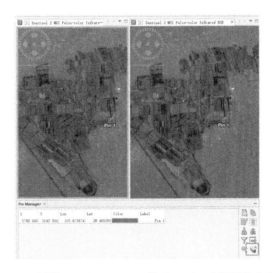

图 4-44　利用 Pin Management 的 Transfer 功能同步大头针

4.5.5 步骤5：利用光谱浏览器目视判断校正效果

依次点击工具栏 Optical—Spectrum View，打开光谱浏览器（图4-45）。在右方工具列中选中"Show spectra for selected Pins"。这样就可以分别显示两幅影像在 Pin 处（植被）的光谱曲线。

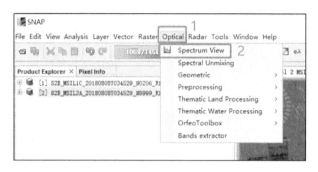

图 4-45　Spectrum View 菜单

本例中，Pin1 点的像元在校正前，440nm、940nm 和 1400nm 左右的反射光谱并不符合植被的光谱曲线特征；而在大气校正后，Pin1 点位代表的植被光谱恢复正常曲线特征，也就说明影像确实完成了大气校正处理流程（图4-46）。

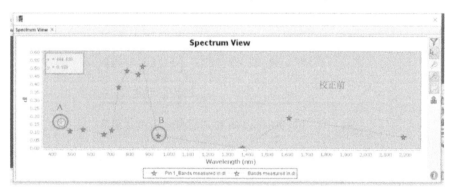

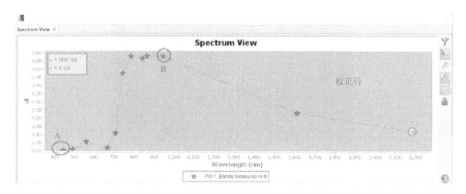

图 4-46　Pin1 点位（植被）在校正前、后的光谱曲线对比

如图 4-47 所示，健康植被的光谱特征在可见光和近红外波段有 2 个特点。

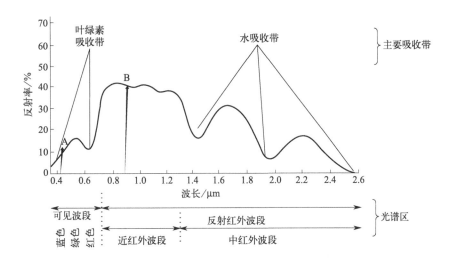

图 4-47　健康植被的光谱特征曲线

① 可见光波段由于叶片中叶绿素对光谱的吸收作用，整体反射偏低，特别是蓝光和红光波段，相对于绿光波段来说，反射更低。因此健康植被在 A 位置（0.44μm 左右）的反射率要低于 0.56μm 处的反射率。

② 在近红外波段，由于薄壁细胞组织的强反射，导致健康植被在近红外波段反射率非常高。因此健康植被在 B 位置（0.94μm 左右）的反射率要和 0.8μm 处的反射率高度相近。由此可见大气校正前后光谱曲线的显著差异。

4.6　导出校正后影像到 ENVI 软件

使用 SNAP 平台和 Sen2Cor 插件完成大气校正后，部分读者会选择将其导出为其他通用数据格式，以满足其他主流遥感影像处理软件的数据输入要求。本节案例就介绍如何将其导出到美国 Exelis 公司的遥感处理软件 ENVI(the environment for visualizing images) 中。

4.6.1　重采样

哨兵-2 影像 MSI 存在 3 种空间分辨率，无法直接导出为 ENVI 格式，需要预先将其所有波段全部重采样为统一分辨率后再行导出。

4.6.1.1　步骤 1：调用哨兵-2 专用重采样工具

依次点击工具栏 Optical—Geometric—S2 Resampling Processor，打开 S2 Resampling 重采样工具（图 4-48）。

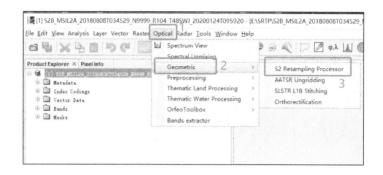

图 4-48　调用 S2 Resampling Processor

4.6.1.2　步骤 2：参数设置

（1）在 I/O Parameters 选项卡中

选择输出格式和路径（图 4-49）。

（2）在 Processing Parameters 选项卡中

进行重采样处理设置（图 4-50）。

图 4-49　I/O Parameters 选项卡　　　图 4-50　Processing Parameters 选项卡

① Output resolution 定义输出所有波段的空间分辨率。

② Upsampling method 定义的是低分辨率采为高分辨率的采样方法，分为最邻近（Nearest）、双线性内插（Bilinear）、三次卷积（Cubic convolution）内插 3 种。

③ Downsampling method 定义的是高分辨率采为低分辨率的采样方法，分为

首像素值法（First）、最小像素值法（Min）、最大像素值法（Max）、平均像素值法（Mean）、中位数像素值法（Median）。例如，将 4 个 10m 分辨率的像元采样为 1 个 20m 分辨率的像元，以上 5 种采样方法分别得到：直接取第 1 个像元的像素值；取 4 个像元中的最小/最大/平均/中位数像素值。

④ Flag downsampling method，保持默认。

⑤ Resample on pyramid levels，创建重采样金字塔文件以加快绘图速度，根据实际需要打钩。

（3）参数都设置完成后

单击 Run 运行重采样工具。一景影像重采样时间视计算机配置在 0.5~1.5h 不等（图 4-51）。采样完成后会生成 .dim 后缀的 BEAM-DIMAP 影像索引文件，以及后缀为 .data 的文件夹。文件夹里面将会以单波段的形式存储所有的重采样文件，文件格式和 ENVI 完全兼容（图 4-52）。

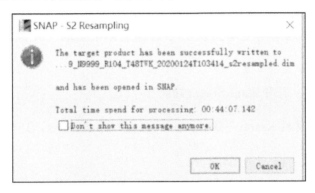

图 4-51　重采样完成提示

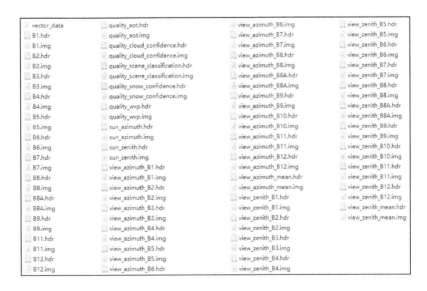

图 4-52　S2 Resampling Processor 生成的重采样波段影像

说明 1：一景影像完整重采样成 10m 后，占用了大约 18GB 的磁盘空间，而采样之前只有 1GB 左右。因此在重采样之前要再三检查磁盘空间是否充足，以避免因此导致的重采样失败。

说明 2：推荐重采样的输出格式设置为 BEAM-DIMAP，这样输出的文件可以同时满足 ENVI 和 SNAP 的读取格式要求。重采样完成之后，所有波段的影像会以 Product 的组织形式完整显示在 Product Explorer 中。如果之前重采样保存的图像是非 BEAM-DIMAP 格式，且在关闭此 Product 之前没有导出为 BEAM-DIMAP 格式，那么就无法再在 SNAP 中以 Product 的形式有组织地浏览所有波段了。

4.6.2 剥离 B10 并重采样

前已提及，经过 Sen2Cor 校正的 L2A 影像不包含 B10 卷云波段，因此为了得到完整的 13 个波段，需要单独从 L1C 影像数据中提取 B10 波段，然后进行重采样。

4.6.2.1 步骤 1：调用 Band Select 功能

依次点击工具栏 Raster—Data Conversion—Band Select，打开 Band Select 工具（图 4-53）。

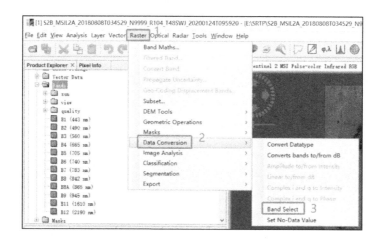

图 4-53 调用 Band Select 功能

4.6.2.2 步骤 2：提取 B10 波段

选择输入影像为 L1C 级数据；设定输出文件名；不设输出路径（图 4-54）；设

定 Source Bands 为 B10（图 4-54）。点击 Run 运行，剥离出来的 B10 波段就调入内存，并展现在 Product Explorer 中。

图 4-54　Band Select 参数设置

说明：在 SNAP 运行逻辑中，对于中间过程影像数据，可以不勾选"Save as"，这样该过程数据在处理后会存入内存，可以加快后续影像数据的处理速度，并大大节省硬盘空间。当然，这对处理计算机的物理内存容量提出了较高要求。

4.6.2.3　步骤 3：重采样 B10 波段

依次点击工具栏 Raster—Geometric Operations—Resampling，调用 SNAP 单波段重采样工具 Resampling（图 4-55）。

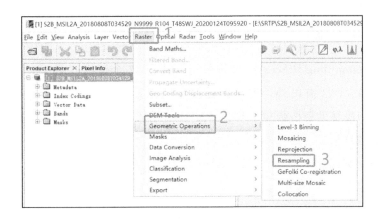

图 4-55　调用单波段重采样工具 Resampling

设置输出分辨率为 10m，Upsampling method、Downsampling method 和 Flag

downsampling method 都以 S2 Resampling Processor 中的设置为准，输出格式为 ENVI（图 4-56）。点击 Run 运行后很快可以得到重采样为 10m 的 B10 波段 ENVI 格式影像数据（图 4-57）。

图 4-56　Resampling 工具参数设置

图 4-57　重采样后的 ENVI 格式 B10 波段

4.6.3　波段合并

4.6.3.1　步骤 1：波段选择

经 S2 Resampling Processor 处理得到的共有 47 个波段（图 4-52），其中除了 B1~B9、B11、B12 波段外，就是之前提到的场景分类质量波段(quality_scene_classification)等辅助栅格数据。导入 ENVI 之前可以根据自己的需要进行波段选择，以减少数据量。

本例中，选择 B1~B9、B11、B12 波段，以及 B10 波段作为波段叠加的来源组合。

4.6.3.2　步骤 2：打开 ENVI，调入所有影像数据

双击 ENVI 图标，打开 ENVI 软件，将上述选择的所有波段，调入 ENVI（图 4-58）。

第 4 章　基于 SNAP 平台的哨兵-2 数据大气校正

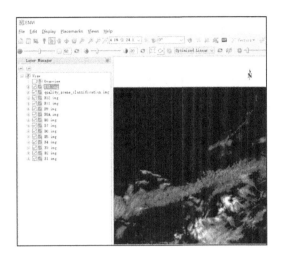

图 4-58　所有波段调入 ENVI

4.6.3.3　步骤 3：进行波段合并

在右侧 Toolbox，打开 Raster Management 文件夹（图 4-59），双击激活 Layer Stacking 工具（图 4-60）。

 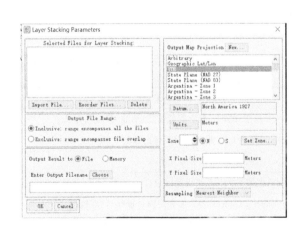

图 4-59　调用 Layer Stacking 工具　　　图 4-60　Layer Stacking 界面

点击 Import Files，全选所有需要叠加的波段，添加到 Layer Stacking 主窗口中。然后点击 Reorder Files，对所有波段进行排序。保持其他所有设置默认，设定输出路径，即可运行波段叠加（图 4-61）。

4.6.3.4 步骤 4：检查叠加结果

调入 Layer Stacking 的影像成果，在 ENVI 主界面按快捷键 F4，打开 Data Manager，可以看到所有波段顺序以及中心波长、坐标体系等信息（图 4-62）。至此，经过大气校正的哨兵-2 影像预处理工作完成。

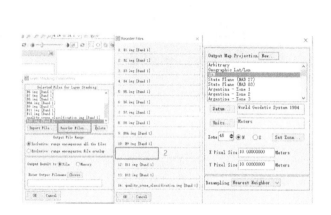

图 4-61　波段排序及输出参数设置

图 4-62　叠加影像波段参数

4.7　索引

4.7.1　本章各案例涉及的软件技巧和知识点

SNAP 软件操作	章节部分
Product Explorer，包含影像浏览、缩放、假彩色合成	4.3.1.2
Sen2Cor 的 GUI 模式调用及使用方法	4.3.1.2
Sen2Cor 的命令行模式使用方法	4.4.1
哨兵-2 数据大气校正批量处理	4.4.2
Product Explorer，包含影像多窗口操作、地理链接	4.5.2，4.5.3
Pin placing tool/ Pin Manager 功能，用于像元点数据定位	4.5.4
Spectrum View 功能，用于浏览分析比较像元光谱曲线特征	4.5.5
重采样功能——S2 Resampling Processor	4.6.1
Band Select 功能，影像内置波段剥离和提取	4.6.2.1
重采样功能——Resampling	4.6.2.3

续表

ENVI 软件操作	章节部分
Layer Manager,浏览显示影像数据	4.6.2.3
Layer Stacking 工具,单/多波段数据的剥离、排序和合并	4.6.3.3
Data Manager,浏览显示影像数据及其波段属性	4.6.3.4
知识点	章节部分
哨兵-2 卫星官方指南及数据下载来源	4.1
Sen2Cor 2.5.5 和 2.8.0 的区别	4.2.2.3,4.3.2.1
大气校正效果目视判别及其原理	4.5.5

4.7.2 本章各案例涉及的影像数据和过程数据索引

[1] 4.4 中案例——哨兵-2-L1C 级案例影像

[2] 4.5 中案例——哨兵-2-L2A 级大气校正案例影像

[3] 4.6.2 中案例——哨兵-2-L1C 级案例影像 B10 波段

[4] 4.6.3 中案例——哨兵-2-L2A 级大气校正案例影像转 ENVI 格式

4.7.3 本章各案例涉及的软件、插件和脚本索引

[1] 4.2.1 中案例——哨兵 ESA-SNAP_all_windows-x64_7_0.zip

[2] 4.4.1 中案例——哨兵 Sen2Cor-02.05.05-win64.zip

[3] 4.4.1 中案例——哨兵 Sen2Cor-02.08.00-win64.zip

[4] 4.4.3 中案例——影像大气校正万能脚本批处理命令

① SC255.bat

```
@echo off
title 哨兵-2 L1C 大气校正处理脚本 v2.5.5
echo "提示:此脚本默认处理 L1C 级影像全部分辨率"
echo on
for /D %%i in (S2?_MSIL1C*.SAFE) do (
L2A_Process.bat %%i
echo "----------------------这是处理流程分割线----------------------"
)
@echo off
echo "所有 L1C 级别影像已校正完毕!"
pause
```

② SC280-10m.bat

```
@echo off
title 哨兵-2 L1C 大气校正处理脚本 v2.8.0
echo "提示:此脚本默认处理 10m 和 20m 分辨率并输出,再把 20m 分辨率降采样到 60m 输出"
echo on
for /D %%i in (S2?_MSIL1C*.SAFE) do (
L2A_Process.bat --resolution 10 %%i
echo "-------------------------这是处理流程分割线-------------------------"
)
@echo off
echo "所有 L1C 级别影像已校正完毕!"
pause
```

③ SC280-20m.bat

```
@echo off
title 哨兵-2 L1C 大气校正处理脚本 v2.8.0
echo "提示:此脚本默认处理 20m 分辨率并输出,再把 20m 分辨率降采样到 60m 输出"
echo on
for /D %%i in (S2?_MSIL1C*.SAFE) do (
L2A_Process.bat --resolution 20 %%i
echo "-------------------------这是处理流程分割线-------------------------"
)
@echo off
echo "所有 L1C 级别影像已校正完毕!"
pause
```

④ SC280-60m.bat

```
@echo off
title 哨兵-2 L1C 大气校正处理脚本 v2.8.0
echo "提示:此脚本默认处理 60m 分辨率并输出"
echo on
for /D %%i in (S2?_MSIL1C*.SAFE) do (
L2A_Process.bat --resolution 60 %%i
echo "-------------------------这是处理流程分割线-------------------------"
)
@echo off
echo "所有 L1C 级别影像已校正完毕!"
pause
```

第 5 章

基于 GEE 和 Landsat 时序数据的森林干扰监测

干扰是森林生态系统动态变化的主要驱动力，干扰的历史影响林分的生长状态，不同干扰的类别、强度和大小能改变林分物种组成和林分结构（Edwards et al.，2014）。森林在全球碳循环和碳管理中占有重要位置（Fahey et al.，2010），时空意义明确的森林干扰是评价森林生态系统碳动态的关键因素之一（沈文娟 等，2018）。近年来基于 30 m 分辨率的 Landsat 卫星遥感技术的发展为森林干扰的监测提供了数据支撑（杨辰 等，2013），特别是时间序列的遥感数据被成功用于森林干扰变化监测（Coppin and Bauer，1996）。Landsat 数据具备光谱、时间和空间分辨率上的优势，还有可以免费获取的特点，成为了主要的长时间序列动态监测的遥感数据源之一，使为长时间周期内提供具有合适的空间细节和时间频率的森林干扰信息成为可能（沈文娟 等，2016）。

5.1 主要内容与技术路线

5.1.1 主要内容

本章案例以中国东南部某县为研究区，选用 2014～2020 年 8 期的 Landsat 影像数据，采用时间序列轨迹分析（Landsat-based detection of trends in disturbance and recovery，LandTrendr）方法进行森林干扰监测。其主要研究内容如下：

① 基于谷歌地球引擎（Google Earth Engine，GEE）平台提供的 Landsat 时序数据，利用 LandTrendr 算法对研究区进行森林干扰监测。

② 将归一化燃烧指数（normalized burn ratio，NBR）与目视解译相结合，对 LandTrendr 算法进行精度验证。

③ 根据研究区 2014~2020 年火灾分布图与森林干扰变价变化进行结果分析。

5.1.2 技术路线

技术路线如图 5-1 所示。

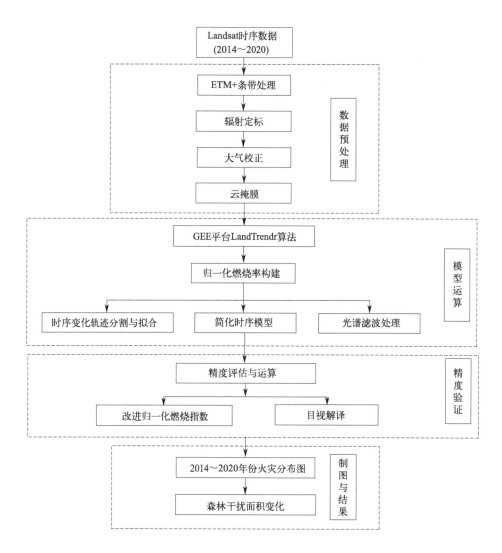

图 5-1 技术路线图

5.2 研究方法

5.2.1 光谱指数选取

选用 NBR 作为森林火灾监测指数。健康植被具有较高的近红外值（NIR）和较低的短波红外值（SWIR），森林燃烧区域由于地表植被的破坏而在遥感影像中呈现土壤特征，从而使 NBR 值变小，因此可通过构建 NBR 指数来识别森林火灾变化。

具体计算公式如下：

$$\text{NBR} = \frac{\text{NIR} - \text{SWIR}}{\text{NIR} + \text{SWIR}} \tag{5-1}$$

5.2.2 时间序列轨迹拟合算法

LandTrendr 算法（Kennedy et al，2010）的核心是将复杂的时序轨迹简化为一组相连的线段，并对割后的分段进行线性拟合，旨在消除噪声，突出重要的信息。

关键流程如下。

（1）时序轨迹提取及噪声消除

逐像元提取时序轨迹，并通过设置噪声值进一步去除预处理过程中残留的细小噪声。

（2）时序轨迹分割

对整个时间序列，首先将时序中的第 1 年和最后 1 年作为第 1 次分割的起始点，得到观测年份与指数值的一阶回归方程，并计算每个观测年指数值与预测值的绝对差，选取绝对差最大的一年作为下次分段的分段点，据此将时间序列分为两部分。然后对两部分分别计算回归方程和每段的均方误差（MSE），选取 MSE 较大的一段参与下次分割，以此类推，直到分段数达到设定的初次分段数。为防止分段数过多造成过拟合现象，选用角度阈值进一步判断，使分段数达到最大分段数。通过计算对比原始时序轨迹中段与段的夹角。去除最"浅"角对应的分段。

（3）时序轨迹拟合

联合基于点与点连线及基于回归连线两种方法进行时序轨迹拟合。对于第 1 个分段，分别计算两种方法的 MSE，选取 MSE 较小的方法作为分段的连接线。从下一分段开始，每一个连接线必须与前一个相连，同样计算两种方法的 MSE，选取 MSE 较小的方法连接，最后得到一条完整的拟合轨迹。

（4）模型简化

采用恢复率阈值（$1/n$）剔除不合理的分段点，对上一过程拟合的时序轨迹通过迭代方式简化模型并重新计算拟合。在研究区内，绝大多数森林干扰为突发性事件，但植被恢复是个缓慢的过程，通过设置恢复率阈值（$1/n$），将植被恢复时间小于 n 年的森林干扰视为噪声。根据研究区植被恢复状况，将恢复率阈值设为 0.5，恢复时间小于 2 年。

(5) 光谱滤波

通过回归模型将 NBR 值转化为植被覆盖率进而生成干扰量,以植被变化强度阈值为滤波条件,剔除原始分割算法中小的光谱分段点,以减少光谱异常信号或植被物候差异造成的时序轨迹过度拟合。基于以上过程,可识别时间序列中 NBR 下降、上升和保持不变 3 种特性。经过噪声去除及对由光谱异常信号或植被物候差异造成的伪变化进行滤波后,NBR 值下降即由森林干扰导致。

5.3 研究区概况

研究区位于中国东南部,地势大致从东北向西南倾斜,中低山环绕县四周,河谷平原分布县境中部溪流两岸地带,在山地与河谷平原之间,错综分布低山丘陵和山间盆谷,构成四周环山中央低陷的层状总体地貌特征。该县属中亚热带湿润季风气候,冬无严寒,夏无酷暑,夏冬长,春秋较短;四季分明,季风明显;雨热同期,光照、温度、降水地域差异明显;气象灾害频繁出现。研究区现有森林资源主要包括常绿阔叶林、杉松针叶林、常绿阔叶落叶混交林、毛竹林和灌丛草甸。

5.4 操作过程

5.4.1 批量下载遥感影像

在 GEE 平台上方的搜索栏输入需要应用的卫星数据"Landsat",搜索后点击 OPEN IN CATALOG 进入数据目录(图 5-2)。

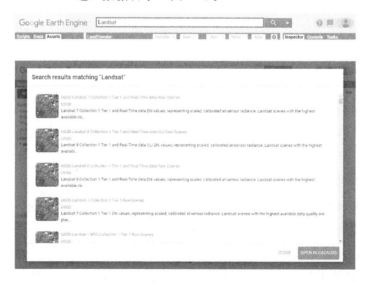

图 5-2 进入地球引擎数据目录

找到想要的 Landsat，使用 Landsat 8 数据的 surface reflectance（图 5-3），打开后可以得到 Earth Engine Snippet（图 5-4）。

图 5-3　选择 Landsat 8 数据的 surface reflectance

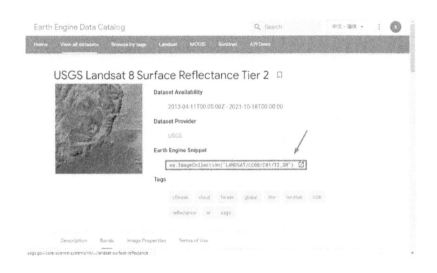

图 5-4　得到 Earth Engine Snippet

说明 1：因为需要用大气校正后的影像，所以不能用"LANDSAT/LC08/C01/T1"（USGS Landsat 8 Collection 1 Tier 1 Raw Scenes）这个数据集，而要用"LANDSAT/LC08/C01/T1_SR"（USGS Landsat 8 Surface Reflectance Tier 2）。

说明 2：SR 数据集没办法用 ee.Algorithms.Landsat.simpleComposite 这个 Landsat 影像数据集最小云量合成的功能，所以需要去云。

5.4.2 干扰可视化

5.4.2.1 步骤1：运行 LandTrendr-GEE

(1) 定义时间序列的开始和结束年份

研究的时期选取 2014～2020 年 8 期进行森林火灾监测，时间选取 3～10 月份的影像。输入 var startYear = 2014；var endYear = 2020；var startDay = '03-01'；var endDay = '10-30'；如图 5-5 所示。

图 5-5　定义时间参数

(2) 定义一个区域来运行 LandTrendr 作为 ee.Geometry

通过地图编辑器绘制矩形框，对研究区的范围进行大致的定位。点击 ⚲，在图上标记需要选取的矩形点。激活检查器的选项卡，单击地图上标记的范围，光标位置和缩放级别与像素值和地图上的对象列表一起显示在检查器的选项卡中。将选取的位置依次输入脚本的矩形参数中。

(3) 将 LandTrendr 运行参数定义为字典见图 5-6。

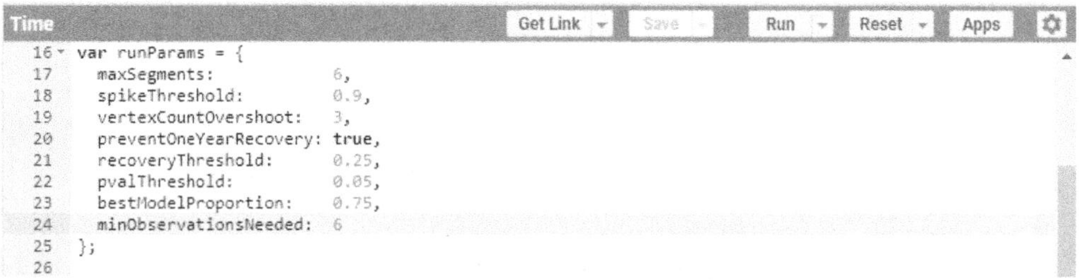

图 5-6　LandTrendr 运行参数设置

5.4.2.2 步骤 2：运行 LandTrendr

① 运行 LandTrendr。得到变化的底图图层，见图 5-7。

```
var lt = ltgee.runLT(startYear, endYear, startDay, endDay, aoi, index, [], runParams, maskThese);
var changeImg = ltgee.getChangeMap(lt, changeParams);
```

图 5-7　运行 LandTrendr

② 可视化字典，见图 5-8。

```
var palette = ['#9400D3', '#4B0082', '#0000FF', '#00FF00', '#FFFF00', '#FF7F00', '#FF0000'];
var yodVizParms = {
  min: startYear,
  max: endYear,
  palette: palette
};
```

图 5-8　可视化字典

③ 可视化参数设置，见图 5-9。

```
var magVizParms = {
  min: 200,
  max: 800,
  palette: palette
};
```

图 5-9　可视化参数设置

④ 将干扰图可视化。并设置显示样式：color 代表边界颜色；fillColor 代表填充颜色，JX 是矢量边界，见图 5-10。

```
Map.centerObject(aoi, 11);
Map.addLayer(changeImg.select(['mag']), magVizParms, 'Magnitude of Change');
Map.addLayer(changeImg.select(['yod']), yodVizParms, 'Year of Detection');

Map.addLayer(aoi,{color:'red',fillColor:'00000000'},"JX")
```

图 5-10　干扰图可视化

5.4.2.3 步骤3：输出 LandTrendr

① 将结果下载到云盘，见图 5-11。

```
var exportImg = changeImg.clip(aoi).unmask(0).short();
Export.image.toDrive({
  image: exportImg,
  description: 'lt-gee_disturbance_map',
  folder: 'lt-gee_disturbance_map_test',
  fileNamePrefix: 'lt-gee_disturbance_map',
  region: aoi,
  scale: 30,
  crs: 'EPSG:5070',
  maxPixels: 1e13
});
```

图 5-11　结果下载到云盘

② 点击界面上方的"Run"运行，运行的干扰结果可视化在地图上，见图 5-12。

图 5-12　干扰可视化

③ 导出到云盘：在右侧的 Task 选项卡可以看到运行的结果，点击 RUN 进行保存，输出结果为 .tiff 文件（图 5-13）。并将其从云盘中下载下来。

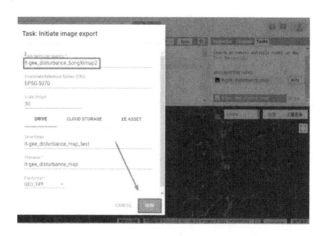

图 5-13　在 Task 选项卡中输出结果

5.4.3 干扰可视化影像处理

5.4.3.1 步骤1：选取第一波段

由于影像中只有第一波段的包含年份信息，因此输出第一波段即可。

① 启动 ENVI5.3，打开文件"lt-gee_disturbance_map.tiff"（图 5-14）。

图 5-14 打开可视化影像

② 点击 File/Save as/Save as（ENVI、NITF、TIFF、DTED），在 File Selection 中选择文件"lt-gee_disturbance_map.tiff"，点击 Spectral Subset，在打开的界面中选择 Band 1 即可，点击 OK 继续（图 5-15），在弹出的 Save File As Parameter 面板中设置参数。

- Output Format：TIFF
- Output Filename：lt-gee_disturbance_map_Band1

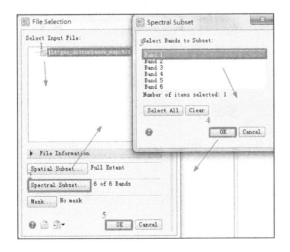

图 5-15 输出单波段

5.4.3.2 步骤2：影像可视化处理

① 启 ArcGIS10.2 软件，打开处理好的只包含年份信息 Band 1 的影像"lt-gee_disturbance_map_Band1.tiff"（图 5-16）。

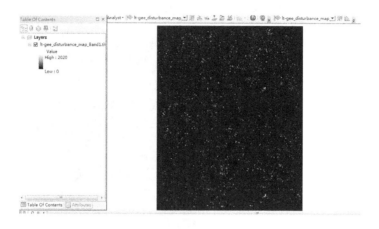

图 5-16　将影像显示在视图中

② 右击图层，单击 Properties，打开 Layer Properties 面板，单击 Symbology 选项卡中的 Unique Values，对各个年份的数据进行赋颜色（图 5-17，书后另见彩图）。

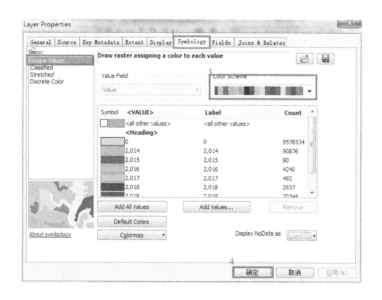

图 5-17　Layer Properties 面板

③ 更改背景值：双击右侧值为 0 的色卡，打开 Symbol Selector 面板，将 Fill Color 更改为 No Color（图 5-18，书后另见彩图）。

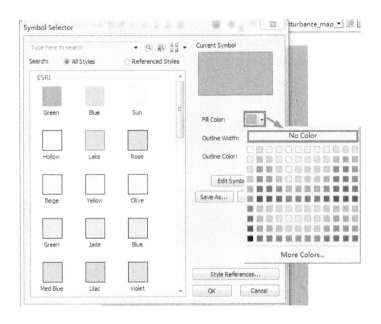

图 5-18　Symbol Selector 面板

④ 导入研究区的矢量边界，如图 5-19 所示（书后另见彩图）。

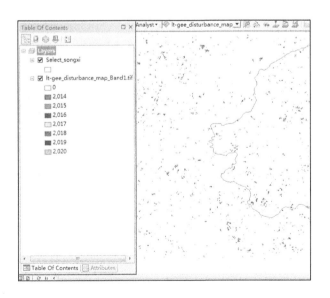

图 5-19　可视化处理结果

5.4.3.3 步骤3：影像裁剪

双击 Data Management Tools/Raster/Raster Processing/Clip，打开 Clip 面板，输入栅格影像 lt-gee_disturbance_map_Band1.tiff，输出的范围，选择 Select_songxi.shp 文件，勾选：Use Input Features for Clipping Geometry，使得 tiff 和裁剪的范围一致，设置输出路径和文件名（图5-20）。

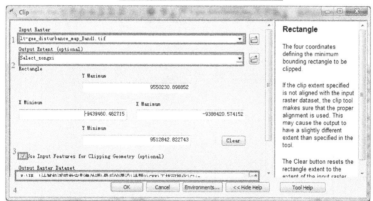

图5-20 根据县域边界进行裁剪 tiff

裁剪后的结果如图5-21所示（书后另见彩图）。

5.4.3.4 步骤4：制图

① 点击左下角的 Layout View 模式，进入制图模式。右击空白处，选择 Page

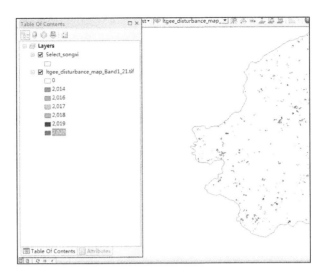

图 5-21　裁剪后的结果

and Print Setup，调整打印纸张大小和方向，将里边与外边重合（图 5-22）。然后点选中间数据框，右击，选择 Distribute /Fit to Margins，使得数据框与打印页面大小一致。

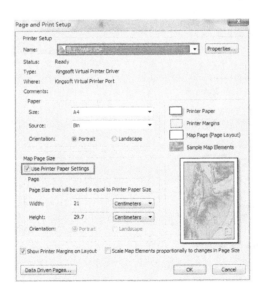

图 5-22　Page and Print Setup 页面设置

② 添加指北针：点击工具栏的 Insert/North Arrow，将指北针移到适宜的位置，右击 Properties 在 Size 里调整大小（图 5-23）。

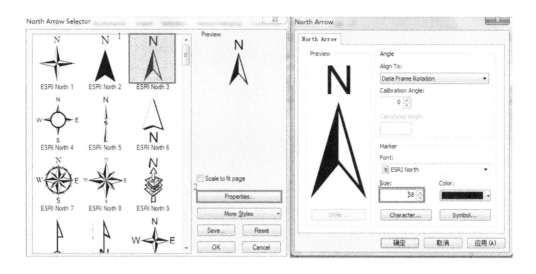

图 5-23　添加指北针

③ 添加比例尺：点击工具栏的 Insert/Scale Bar…，右击 Properties 调整（图 5-24）。

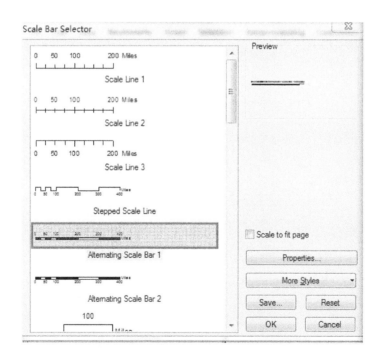

图 5-24　添加比例尺

④ 添加图例：默认选项后确认后进行调整（图 5-25）。

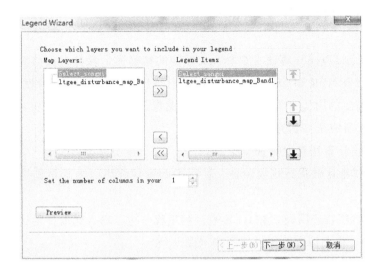

图 5-25　添加图例

⑤ 研究区 2014～2020 年森林干扰分布制图结果如图 5-26 所示（书后另见彩图）。

图 5-26　研究区 2014～2020 年森林干扰分布

5.5 Land Trendr 算法的验证

为验证 LandTrendr 算法在森林火灾监测的精确性，森林火灾监测采用的精度验证方法是结合 NBR 和 Landsat 影像数据进行目视解译。有研究者发现 NBR 指数在比较图像衍生的周长（手工生成并从索引图像分类）与数字化火灾地图集记录的火灾周长时，具有最高的光谱可分性。

LandTrendr 算法精度验证步骤如下。

① 选取样地区域进行精度验证，在得到的植被破坏区内随机地选取样地进行精度验证。

② 拟合时序轨迹图表。在 GEE 平台利用程序包，输入选取样地区域中的经纬度（图 5-27）。得到拟合时序轨迹图表（图 5-28）。

图 5-27 运行精度验证程序

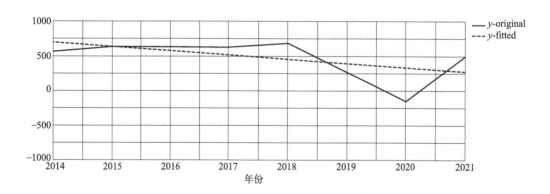

图 5-28 拟合时序轨迹图表

③ 干扰年份图对比（图 5-29，书后另见彩图）。

④ 对比 2017 年和 2020 年 Landsat 影像（图 5-30，书后另见彩图）。

在样地 1 的拟合时序轨迹图表中，该片区的 NBR 值从 2018 年开始骤减，在

图 5-29 干扰年份图对比

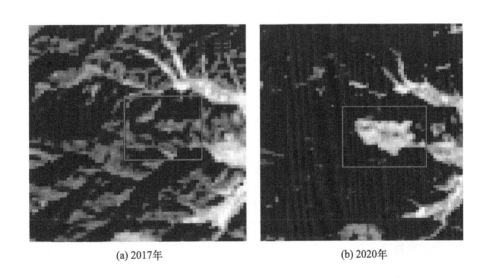

(a) 2017年　　　　　　　　　(b) 2020年

图 5-30 2017 年和 2020 年 Landsat 影像对比图

2020 年达到最低，这与发生干扰年份为 2020 年相对应，再对比 2018 年和 2020 年 Landsat 影像发现，该片区森林植被遭到破坏。

说明：考虑到 LandTrendr 参数设置中植被恢复年限为 2 年，故所选影像间隔最好在 2 年或 2 年以上，所以选取 2017 年与 2020 年的影像进行对比。

5.6 索引

5.6.1 本章各案例涉及的软件技巧和知识点

ENVI 软件操作	章节部分
输出单波段影像——Spectral Subset	5.4.3.1
ArcGIS 软件操作	章节部分
可视化处理——Layer Properties/Symbology	5.4.3.2
影像裁剪——Data Management Tools /Raster/Raster Processing/Clip	5.4.3.3
知识点	章节部分
GEE 平台导出 Landsat 8 图像数据	5.4.1.1
GEE 平台 LandTrendr 时序轨迹分析方法	5.5.1

5.6.2 本章各案例涉及的影像数据和过程数据索引

[1] 5.4.1 中案例——Landsat 8 案例影像

[2] 5.4.3 中案例——lt-gee_disturbance_map.tiff 干扰可视化案例影像

[3] 5.4.3 中案例——lt-gee_disturbance_map_Band1 干扰可视化案例影像 B1 波段

[4] 5.4.3 中案例——研究区 2014～2020 年森林干扰分布制图

[5] 5.5 中案例——拟合时序轨迹图表

5.6.3 本章各案例涉及的脚本索引

[1] 5.4.2 中案例——GEE-干扰可视化运行代码

[2] 5.5.1 中案例——GEE-时序变化趋势运行代码

① 干扰可视化代码

```
//定义影像集参数
var startYear = 2006;
var endYear = 2020;
var startDay = '03-01';
var endDay = '10-30';
var coords = [[117.625, 27.459],
[118.331,27.459],
[118.331,28.080],
[117.625,28.080],
[117.625, 27.459]];
```

```javascript
var aoi=ee.Geometry.Polygon(coords);
var index = 'NBR';
var maskThese = ['cloud','shadow','snow','water'];

// 定义 LandTrendr 参数
var runParams = {
    maxSegments:            6,
    spikeThreshold:         0.9,
    vertexCountOvershoot:   3,
    preventOneYearRecovery:true,
    recoveryThreshold:      0.25,
    pvalThreshold:          0.05,
    bestModelProportion:    0.75,
    minObservationsNeeded:  6
};

// 定义变化参数
var changeParams = {
    delta:  'loss',
    sort:   'greatest',
    year:   {checked:true, start:2006, end:2020},
    mag:    {checked:true, value:200,  operator:'>'},
    dur:    {checked:true, value:4,    operator:'<'},
    preval: {checked:true, value:300,  operator:'>'},
    mmu:    {checked:true, value:11},
};


//各项参数设置好了,就可以开始运行 LandTrendr 了!

// 加载 API
var ltgee = require('users/emaprlab/public:Modules/LandTrendr.js');

// add index to changeParams object
```

```
changeParams.index = index;
// 运行 LandTrendr
    var lt = ltgee.runLT(startYear, endYear, startDay, endDay, aoi, index,
[], runParams, maskThese);

// 得到 change map layers
    var changeImg = ltgee.getChangeMap(lt, changeParams);

// 可视化字典
    var palette = ['#9400D3', '#4B0082', '#0000FF', '#00FF00', '#FFFF00', '#FF7F00', '#FF0000'];
    var yodVizParms = {
      min:startYear,
      max:endYear,
      palette:palette
    };

// 可视化参数
    var magVizParms = {
      min:200,
      max:800,
      palette:palette
    };

// 将扰动图可视化
    Map.centerObject(aoi, 11);
    Map.addLayer(changeImg.select(['mag']), magVizParms, 'Magnitude of Change');
    Map.addLayer(changeImg.select(['yod']), yodVizParms, 'Year of Detection');

//设置显示样式:color 代表边界颜色;fillColor 代表填充颜色


//JX 就是矢量边界
    Map.addLayer(aoi,{color:'red',fillColor:'00000000'},"JX")
```

// 将结果下载到云盘

```
var exportImg = changeImg.clip(aoi).unmask(0).short();
Export.image.toDrive({
  image:exportImg,
  description:'lt-gee_disturbance_map',
  folder:'lt-gee_disturbance_map_test',
  fileNamePrefix:'lt-gee_disturbance_map',
  region:aoi,
  scale:30,
  crs:'EPSG:5070',
  maxPixels:1e13
});
```

② 时序变化趋势代码

```
//################################## # # ###############
#########################################################
###
//#
#\\
//#                     LANDTRENDR SOURCE AND FITTING PIXEL
TIME SERIES PLOTTING                          #\\
//#
#\\
//########################################################
#########################################################
##


// date:2018-04-19
// author:Zhiqiang Yang    |  zhiqiang.yang@oregonstate.edu
//         Justin Braaten  |  jstnbraaten@gmail.com
//         Robert Kennedy  |  rkennedy@coas.oregonstate.edu
// website:https://github.com/eMapR/LT-GEE
```

```
//################################################
####################################################
##
//#####INPUTS #####
//################################################
####################################################
##

// enter longitude and latitude for a point…
// you can get these by first activating the "Inspector" tab…
// then click a location on the map…
// the point coordinates will appear in the at the top…
// of the "Inspector" panel - copy and paste values
var long = 118.36813;
var lat  =  28.00253;


// define years and dates to include in landsat image collection
var startYear = 2006;    // what year do you want to start the time series
var endYear   = 2020;    // what year do you want to end the time series
var startDay  = '03-01'; // what is the beginning of date filter | month-day
var endDay    = '10-30'; // what is the end of date filter | month-day


// define function to calculate a spectral index to segment with LT
var segIndex = function(img) {
    var index = img.normalizedDifference(['B4', 'B7'])
// calculate normalized difference of band 4 and band 7 (B4-B7)/(B4+B7)
                    .multiply(1000)
// …scale results by 1000 so we can convert to int and retain some precision
                    .select([0],                              ['NBR'])
// …name the band
                    .set('system:time_start', img.get('system:time_start'));
// …set the output system:time_start metadata to the input image time_start
otherwise it is null
```

```
    return index；
};

var distDir = -1; // define the sign of spectral delta for vegetation loss for the segmentation index -
                  // NBR delta is negetive for vegetation loss, so -1 for NBR, 1 for band 5, -1 for NDVI, etc

// define the segmentation parameters：
// reference：Kennedy, R. E. , Yang, Z. , & Cohen, W. B. (2010). Detecting trends in forest disturbance and recovery using yearly Landsat time series：1. LandTrendr—Temporal segmentation algorithms. Remote Sensing of Environment, 114(12), 2897-2910.
//             https://github.com/eMapR/LT-GEE
var run_params = {
    maxSegments:            6,
    spikeThreshold:         0.9,
    vertexCountOvershoot:   3,
    preventOneYearRecovery: true,
    recoveryThreshold:      0.5,
    pvalThreshold:          0.1,
    bestModelProportion:    0.75,
    minObservationsNeeded:  6
};

//################################################################
##
//################################################################
##
//#####ANNUAL SR TIME SERIES COLLECTION BUILDING FUNCTIONS #####
//################################################################
##
```

```
//----- MAKE A DUMMY COLLECTOIN FOR FILLTING MISSING YEARS -----
var dummyCollection = ee.ImageCollection([ee.Image([0,0,0,0,0,0]).mask
(ee.Image(0))]); // make an image collection from an image with 6 bands all
set to 0 and then make them masked values


//----- L8 to L7 HARMONIZATION FUNCTION -----
// slope and intercept citation:Roy, D.P., Kovalskyy, V., Zhang, H.K., Vermote, E.F., Yan, L., Kumar, S.S, Egorov, A., 2016, Characterization of Landsat-7 to Landsat-8 reflective wavelength and normalized difference vegetation index continuity, Remote Sensing of Environment, 185, 57-70. (http://dx.doi.org/10.1016/j.rse.2015.12.024);
Table 2 - reduced major axis (RMA) regression coefficients
var harmonizationRoy = function(oli) {
   var slopes = ee.Image.constant([0.9785, 0.9542, 0.9825, 1.0073, 1.0171, 0.9949]);
// create an image of slopes per band for L8 TO L7 regression line - David Roy
   var itcp = ee.Image.constant ([-0.0095, -0.0016, -0.0022, -0.0021, -0.0030, 0.0029]);
// create an image of y-intercepts per band for L8 TO L7 regression line - David Roy
   var y = oli.select(['B2','B3','B4','B5','B6','B7'],['B1', 'B2', 'B3', 'B4', 'B5', 'B7']) // select OLI bands 2-7 and rename them to match L7 band names
           .resample('bicubic')
// ...resample the L8 bands using bicubic
           .subtract(itcp.multiply(10000)).divide(slopes)
// ...multiply the y-intercept bands by 10000 to match the scale of the L7 bands then apply the line equation - subtract the intercept and divide by the slope
           .set('system:time_start',        oli.get('system:time_start'));
// ...set the output system:time_start metadata to the input image time_start otherwise it is null
   return                                                          y.toShort();
// return the image as short to match the type of the other data
};
```

```javascript
//------ RETRIEVE A SENSOR SR COLLECTION FUNCTION -----
var getSRcollection = function(year, startDay, endDay, sensor, aoi) {
  // get a landsat collection for given year, day range, and sensor
  var srCollection = ee.ImageCollection('LANDSAT/' + sensor + '/C01/T1_SR') // get surface reflectance images
                       .filterBounds(aoi)                                    // ...filter them by intersection with AOI
                       .filterDate(year+'-'+startDay, year+'-'+endDay);      // ...filter them by year and day range


  // apply the harmonization function to LC08 (if LC08), subset bands, unmask, and resample
  srCollection = srCollection.map(function(img) {
    var dat = ee.Image(
      ee.Algorithms.If(
        sensor == 'LC08',                                          // condition - if image is OLI
        harmonizationRoy(img.unmask()),                            // true - then apply the L8 TO L7 alignment function after unmasking pixels that were previosuly masked (why/when are pixels masked)
        img.select(['B1','B2','B3','B4','B5','B7'])                // false - else select out the reflectance bands from the non-OLI image
          .unmask()                                                // ...unmask any previously masked pixels
          .resample('bicubic')                                     // ...resample by bicubic
          .set('system:time_start', img.get('system:time_start'))  // ...set the output system:time_start metadata to the input image time_start otherwise it is null
      )
    );

    // make a cloud, cloud shadow, and snow mask from fmask band
    var qa = img.select('pixel_qa');                               // select out the fmask band
```

```
        var mask = qa.bitwiseAnd(8).eq(0).and(                //
include shadow
                qa.bitwiseAnd(16).eq(0)).and(                  //
include snow
                qa.bitwiseAnd(32).eq(0));                      //
include clouds
        // apply the mask to the image and return it
        return dat.mask(mask); //apply the mask - 0's in mask will be excluded
from computation and set to opacity=0 in display
     });


    return srCollection; // return the prepared collection
};


//------ FUNCTION TO COMBINE LT05, LE07, & LC08 COLLECTIONS ------
var getCombinedSRcollection = function(year, startDay, endDay, aoi) {
        var lt5 = getSRcollection(year, startDay, endDay, 'LT05', aoi);     //
get TM collection for a given year, date range, and area
        var le7 = getSRcollection(year, startDay, endDay, 'LE07', aoi);     //
get ETM+ collection for a given year, date range, and area
        var lc8 = getSRcollection(year, startDay, endDay, 'LC08', aoi);     //
get OLI collection for a given year, date range, and area
        var mergedCollection = ee.ImageCollection(lt5.merge(le7).merge(lc8));
// merge the individual sensor collections into one imageCollection object
        return mergedCollection;
    // return the Imagecollection
};


//------ FUNCTION TO REDUCE COLLECTION TO SINGLE IMAGE PER
YEAR BY MEDOID ------
/*
    LT expects only a single image per year in a time series, there are lost of ways to
    do best available pixel compositing - we have found that a mediod composite
requires little logic
        is robust, and fast
```

Medoids are representative objects of a data set or a cluster with a data set whose average

dissimilarity to all the objects in the cluster is minimal. Medoids are similar in concept to

means or centroids, but medoids are always members of the data set.
*/

```
// make a medoid composite with equal weight among indices
var medoidMosaic = function(inCollection, dummyCollection) {

    // fill in missing years with the dummy collection
    var imageCount = inCollection.toList(1).length();
// get the number of images
    var finalCollection = ee.ImageCollection(ee.Algorithms.If(imageCount.gt(0), inCollection, dummyCollection)); // if the number of images in this year is 0, then use the dummy collection, otherwise use the SR collection

    // calculate median across images in collection per band
    var median = finalCollection.median();
// calculate the median of the annual image collection - returns a single 6 band image - the collection median per band

    // calculate the different between the median and the observation per image per band
    var difFromMedian = finalCollection.map(function(img) {
        var diff = ee.Image(img).subtract(median).pow(ee.Image.constant(2));
// get the difference between each image/band and the corresponding band median and take to power of 2 to make negatives positive and make greater differences weight more
        return diff.reduce('sum').addBands(img);
// per image in collection, sum the powered difference across the bands - set this as the first band add the SR bands to it - now a 7 band image collection
    });
```

// get the medoid by selecting the image pixel with the smallest difference between median and observation per band
　　return
ee.ImageCollection(difFromMedian).reduce(ee.Reducer.min(7)).select([1,2,3,4,5,6],['B1','B2','B3','B4','B5','B7']); // find the powered difference that is the least - what image object is the closest to the median of teh collection - and then subset the SR bands and name them - leave behind the powered difference band
};

//------ FUNCTION TO APPLY MEDOID COMPOSITING FUNCTION TO A COLLECTION ------------------------------------
var buildMosaic = function(year, startDay, endDay, aoi, dummyCollection) {　　　　　　　　　　　　　　　　　// create a temp variable to hold the upcoming annual mosiac
　　var collection = getCombinedSRcollection(year, startDay, endDay, aoi); // get the SR collection
　　var img = medoidMosaic(collection, dummyCollection)
　　// apply the medoidMosaic function to reduce the collection to single image per year by medoid
　　　　　　　　.set('system:time_start', (new Date(year,8,1)).valueOf());
　　// add the year to each medoid image - the data is hard-coded Aug 1st
　　return ee.Image(img);　　　　　　　　　　　　　　　　//return as image object
};

//------ FUNCTION TO BUILD ANNUAL MOSAIC COLLECTION ----------------------------
var buildMosaicCollection = function(startYear, endYear, startDay, endDay, aoi, dummyCollection) {
　　var imgs = [];
　　// create empty array to fill
　　for (var i = startYear; i <= endYear; i++)

```
{                                    // for each year from hard defined start to end build medoid composite and then add to empty img array
    var tmp = buildMosaic(i, startDay, endDay, aoi, dummyCollection);   // build the medoid mosaic for a given year
    imgs = imgs.concat(tmp.set('system:time_start', (new Date(i,8,1)).valueOf()));   // concatenate the annual image medoid to the collection (img) and set the date of the image - hard coded to the year that is being worked on for Aug 1st
  }
  return                                      ee.ImageCollection(imgs);   // return the array img array as an image collection
};
//##################################################
//#####FUNCTIONS FOR EXTRACTING AND PLOTTING A PIXEL TIME SERIES #####
//##################################################
// ----- FUNCTION TO GET LT DATA FOR A PIXEL -----
var getPoint = function(img, geom, z) {
  return img.reduceRegion({
    reducer:'first',
    geometry:geom,
    scale:z
  }).getInfo();
};
// ----- FUNCTION TO CHART THE SOURCE AND FITTED TIME SERIES FOR A POINT -----
var chartPoint = function(lt, pt, distDir) {
  Map.centerObject(pt, 14);
  Map.addLayer(pt, {color:"FF0000"});
  var point = getPoint(lt, pt, 10);
  var data = [['x', 'y-original', 'y-fitted']];
```

```
for (var i = 0; i <= (endYear-startYear); i++) {
    data = data.concat([[point.LandTrendr[0][i], point.LandTrendr[1][i] * distDir, point.LandTrendr[2][i] * distDir]]);
  }
  print(ui.Chart(data, 'LineChart',
          {
            'hAxis':
              {
                'format':'####'
              },
            'vAxis':
              {
                'maxValue':1000,
                'minValue':-1000
              }
          },
          {'columns':[0, 1, 2]}
          )
        );
};
//################################################################
##
//#####BUILD COLLECTION AND RUN LANDTRENDR #####
//################################################################
##

//----- BUILD LT COLLECTION -----
// build annual surface reflection collection
var aoi = ee.Geometry.Point(long, lat);
var annualSRcollection = buildMosaicCollection(startYear, endYear, startDay, endDay, aoi, dummyCollection); // put together the cloud-free medoid surface reflectance annual time series collection
```

```javascript
// apply the function to calculate the segmentation index and adjust the values by
the distDir parameter - flip index so that a vegetation loss is associated with a
postive delta in spectral value
var ltCollection = annualSRcollection.map(segIndex)
// map the function over every image in the collection - returns a 1-band annual
image collection of the spectral index
    .map(function(img) {return img.multiply(distDir)   // ...multiply the segmentation index by the
distDir to ensure that vegetation loss is associated with a positive spectral delta
    .set('system:time_start',
img.get('system:time_start'))});  // ...set the output system:time_start metadata to the input image time_start otherwise it is null

//----- RUN LANDTRENDR -----
run_params.timeSeries = ltCollection;                  // add LT collection to
the segmentation run parameter object
var lt = ee.Algorithms.TemporalSegmentation.LandTrendr(run_params);  //
run LandTrendr spectral temporal segmentation algorithm

//----- PLOT THE SOURCE AND FITTED TIME SERIES FOR THE GIVEN POINT -----
chartPoint(lt, aoi, distDir);  // plot the x-y time series for the given point
```

第 6 章

基于"源-汇"景观的城市热岛效应分析

"城市热岛效应"描述了城镇化过程中造成的城区温度普遍高于郊区的现象。其中,热岛强度=城市平均温度－郊区平均温度,热岛强度越高,表明城市热岛效应越明显(牛陆 等,2022)。根据热岛强度的景观分为两类:"源"景观表示增强城市热岛(urban heat island,UHI)的工业和开发区、商业区、机场和住宅等区域(本章案例中以遥感影像提取的不透水面表示);"汇"景观表示减缓城市热岛的植被、城市绿地、水田和水等(以绿地、水体和其他土地表示)。

本章案例将基于 Landsat 8 卫星影像对研究区进行"源-汇"景观因子计算和地表温度(land surface temperature,LST)反演,研究"源-汇"景观与研究区热岛效应的关系及其贡献度。

6.1 主要内容与技术路线

对原始影像进行预处理后进行"源-汇"景观因子计算和地表温度反演。预处理包括利用 ENVI 进行 FLAASH(fast line-of-sight atmospheric analysis of spectral hypercubes) 大气校正、图像镶嵌、试验区裁剪。景观因子计算包括水体——MNDWI 指数、植被——NDVI 指数、不透水面——Vr NIR _ BI 指数的计算。接着,基于单通道算法反演地表温度,探究 LST 与不透水面、水体、绿地、其他土地类型源汇景观的关系及其贡献度。

技术路线如图 6-1 所示。

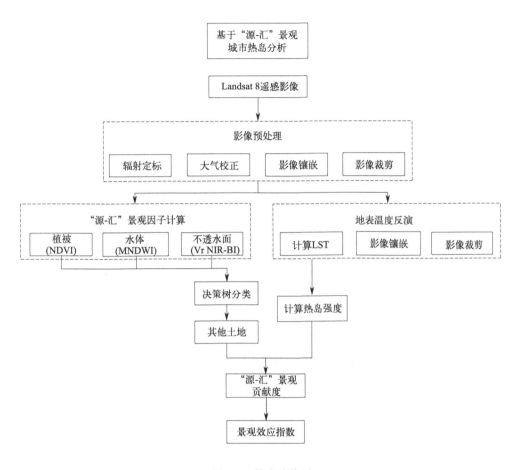

图 6-1 技术路线图

6.2 研究区概况

研究区为中国东南部某市，地处亚热带沿海，北回归线从中南部穿过，属海洋性亚热带季风气候，以温暖多雨、光热充足、夏季长、霜期短为特征。其地势东北高、西南低，背山面海。北部是森林集中的丘陵山区，东北部为中低山地，中部是丘陵盆地，南部为沿海冲积平原，为珠江三角洲的组成部分。

6.3 影像下载

6.3.1 影像下载网址

① 地理空间数据云官网。

② USGS Earth Explore 官网。

6.3.2 Landsat 8 影像下载

（1）打开上述链接

进入地理空间数据云的下载网站，有账号直接登录，无账号需注册账号。如图 6-2 所示，点击页面的高级检索进行数据筛选及下载。

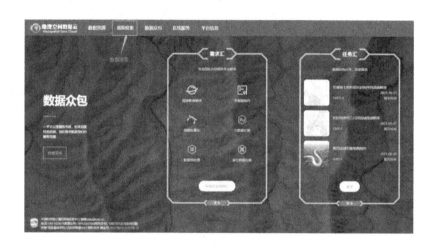

图 6-2 地理空间数据云首页

（2）影像参数设置及下载

需要下载两景相邻影像才能完全覆盖研究区（两景影像拍摄时间不宜差距太大，否则会影响后续各指数因子的计算）。本部分以 2021 年为研究时点，查询找到了两幅时间同为 2021.02.20 的遥感影像，且云层覆盖率较低，低于 1%，符合研究需求。本部分所下载的 Landsat 8 影像编号为：LC81220432021051LGN00、LC81220442021051LGN00。

6.4 影像预处理

6.4.1 辐射定标

6.4.1.1 步骤 1：影像导入及辐射定标工具启动

ENVI 中可直接导入 Landsat 系列影像，打开路径为 File/Open，以真彩色显示。

辐射定标工具：ENVI＝/Toolbox/Radiometric Correction/Radiometric Calibration，打开路径如图 6-3 所示。

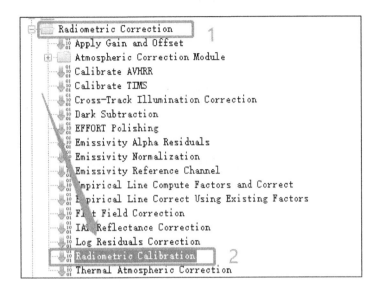

图 6-3　辐射定标工具打开路径

6.4.1.2　步骤 2：辐射定标参数设置

在所打开的对话框 File Selection 中选择待辐射定标的影像，点击 OK，进入 Radiometric Calibration 面板，如图 6-4 所示。

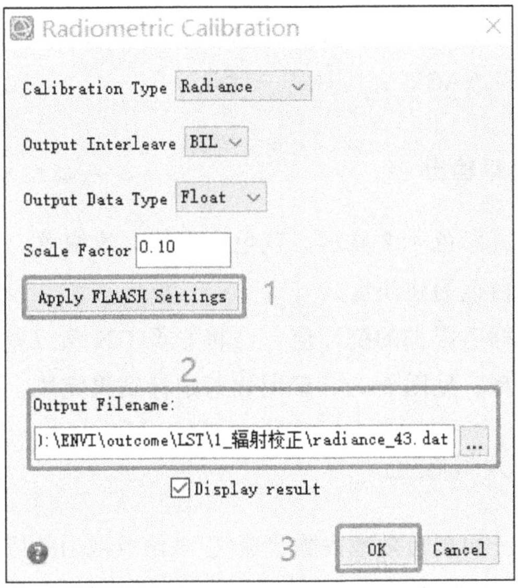

图 6-4　辐射定标参数设置

参数设置有两种方法：手动输入或一键应用 Apply FLAASH Settings 选项。

（1）方法一：定标类型（Calibration Type）

设置为 Radiance。在该选项里有 3 种数据类型供选择：辐射亮度值（Radiance）、大气表观反射率（Reflectance）、亮度温度（Brightness Temperatures）。为进行下面的 FLAASH 大气校正，在定标类型里选择辐射亮度值（本部分案例打开的是多光谱影像，因此不会出现亮度温度的选项）。

1）输出储存顺序（Output Interleave）

设置为 BIL（符合 FLAASH 大气校正的要求）。除此之外还有 2 种类型供选择。BSQ：按波段顺序存储；BIP：按像元顺序存储，可按不同的需求进行选择。

2）输出数据类型（Output Data Type）

设置为 Float。此外，还有 2 种数据类型供选择：双精度浮点型（Double）；无符号 16 位整型（Unit）。

3）缩放系数（Scale Factor）

设置为 0.10。为了让输出的辐射亮度值单位不是 $W/(m^2 \cdot sr \cdot \mu m)$，输入一个缩放系数。

（2）方法二：一键应用 Apply FLAASH Settings 选项

点击 Apply FLAASH Settings 选项，对话框会自动设置符合 FLAASH 大气校正工具的数据要求。

设置完全部参数，选择输出的路径及文件名，点击 OK 按钮，执行辐射定标操作。

说明：进行 FLAASH 大气校正时，对定标类型、数据输出储存顺序、缩放系数有限制要求，因此需按照 FLAASH 大气校正参数要求进行设置。也可利用特定设置按钮进行 FLAASH 大气校正一键设置。

6.4.1.3 步骤 3：结果输出

辐射定标结果以真彩色 432 显示。蓝色为水体，浅绿色、墨绿色代表不同植被类型的植被区域，亮白色为建筑区。

通过观察辐射定标后影像的统计值，已将影像 DN 值（整型，见图 6-5）转换为辐射亮度值（浮点型，见图 6-6）。证明辐射定标结果完成。

6.4.2 FLAASH 大气校正

FLAASH 大气校正可以有效地去除水蒸气/气溶胶散射效应，同时基于像素级的校正，矫正目标像元和邻近像元交叉辐射的"邻近效应"。大气校正所得结果中包括真实地表反射率、整幅图像内的能见度、水汽含量数据、卷云与薄云的分类图像。

Basic Stats	Min	Max	Mean	StdDev
Band 1	8565	65535	9577.138039	489.039151
Band 2	7689	65535	8723.834183	560.257626
Band 3	6566	65535	7980.354198	703.915127
Band 4	5934	65535	7392.995889	1024.272563
Band 5	5392	65535	13074.881805	2172.540942
Band 6	4161	65535	10125.716648	2205.618734
Band 7	4579	65535	7717.279316	1725.695105

图 6-5　原始影像像元统计值（整型）

Basic Stats	Min	Max	Mean	StdDev
Band 1	4.578369	77.744942	5.878255	0.628073
Band 2	3.536713	79.615776	4.897724	0.736851
Band 3	1.901373	73.362267	3.611790	0.853075
Band 4	0.954753	61.866978	2.445849	1.046809
Band 5	0.245163	37.857994	5.049986	1.358648
Band 6	0.000787	9.415018	0.797217	0.343035
Band 7	0.000103	3.173303	0.142441	0.090462

图 6-6　辐射定标结果统计值（浮点型）

6.4.2.1　步骤1：参数查询

图像区域平均海拔：FLAASH 中使用的平均高程可以通过统计相应区域的 DEM 数据获取。DEM 数据可以使用免费的 90m SRTM 或者 30m 的 Aster G-DEM，也可以使用其他更高分辨率的 DEM 数据。ENVI 提供全球 30s 空间分辨率（约 900m）DEM 数据，本部分案例以此途径获取区域平均高程。

在主界面中，选择 File—Open World Data—Elevation (GMTED2010)，打开 ENVI 自带的全球 900m 分辨率的 DEM 数据（见图 6-7）。

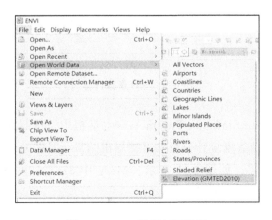

图 6-7　DEM 数据打开路径

选择 File—Open，打开需要统计区域对应的图像（必须包括坐标信息）。在本步骤中打开 Landsat TM 基准影像作为统计区域。

在 Toolbox 工具箱中，双击 Statistics—Compute Statistics 工具（见图 6-8），打开 Compute Statistics Input File 输入文件对话框，选择"GMTED2010.jp2"数据。单击 Stats Subset 按钮，打开 Select Statistics Subset 对话框。在 Select Statistics Subset 对话框中，单击 File 按钮，在 Subset by File 对话框中选择需要统计区域对应的图像，单击 OK 按钮。如图 6-9 所示。

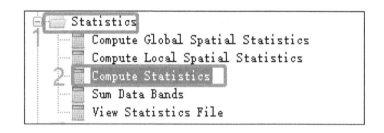

图 6-8　DEM 统计工具打开路径

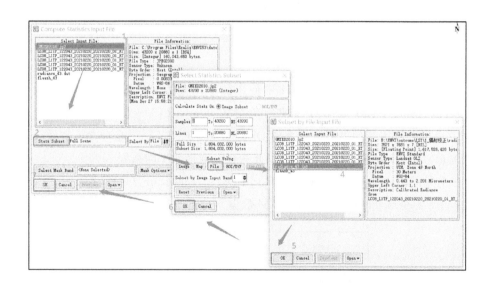

图 6-9　统计影像选择

在打开的 Compute Statistics Parameters 对话框中，按照默认参数设置，单击 OK 按钮，可完成基础数据统计分析，直接导出结果（见图 6-10）。

最后得到统计结果，如图 6-11 所示。Mean 中 358.317898m 就是图像区域平均高程转换，以千米为单位即为 0.358km。

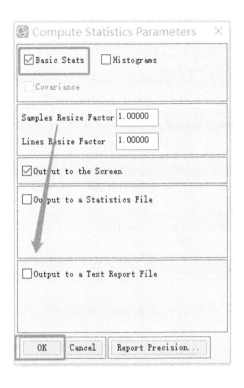

图 6-10 数据导出参数设置

Basic Stats	Min	Max	Mean	StdDev
Band 1	2	1725	358.317898	256.278865

图 6-11 平均高程统计结果

6.4.2.2 步骤 2: FLAASH 大气校正工具启动及参数设置

在 ENVI 窗口中导入待大气校正的影像（上一步中经过辐射定标的结果影像），打开大气校正所使用的 FLAASH 工具。打开路径：Toolbox—Radiometric Correction—Atmospheric Correction Module—FLAASH Atmospheric Correction，如图 6-12 所示。

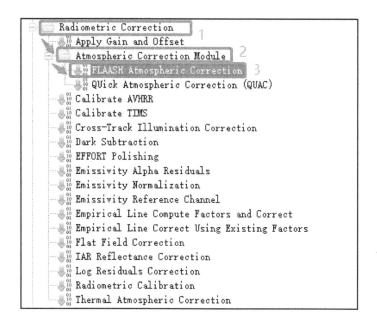

图 6-12　FLAASH 工具打开路径

（1）参数设置

在打开的 FLAASH Atmospheric Correction Model Input Parameters 对话框中设置参数，如图 6-13 所示。

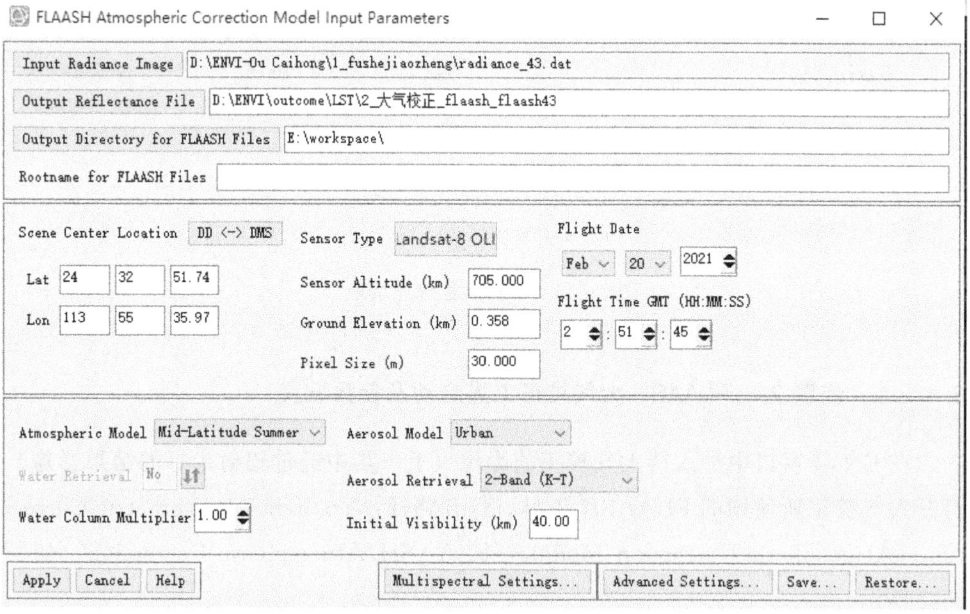

图 6-13　FLAASH 大气校正参数设置

导入待校正影像（Input Radiance Image），即辐射亮度文件。因为经过辐射校正后的影像每个波段的辐射亮度单位一致，所以选择 Use single scale factor for all bands 按钮，在后弹出的 Single scale factor 中默认其参数设置。

设置输出反射率文件（Output Reflectance File），选择输出路径及文件名。

设置大气校正其他输出结果储存路径及文件名（水汽反演结果、云分类结果、日志等）（Output Directory for FLAASH Files）。

ENVI5.3 会根据所导入的有记载的影像自动计算中心经纬度信息、像元大小、传感器高度、成像时间。

传感器类型选择（Sensor Type）：MultiSpectral_Landsat-8 OLI。

图像区域平均高度（Ground Elevation）：0.358（km）。

气溶胶模型（Aerosol Model）：Urban（适用于混合80%乡村和20%烟尘气溶胶，高密度城市或工业地区），本研究区符合这一标准。

气溶胶反演选择（Aerosol Retrieval）：2-Band（K-T），使用 K-T 气溶胶反演方法。

大气模型（Atmospheric Model）：Mid-Latitude Summer，根据影像成像时间及纬度范围选择（Landsat 8 成像月份为2月，中心纬度：24°32′51.74″）。

其他值保持默认：

水汽反演（Water Retrieval）：NO，不执行水汽反演，使用固定水汽含量值。

水汽含量值乘积系数（Water Column Multiplier）：1。

初始可见度（Initial Visibility）：40（km），根据影响成像天气条件设置，当天气条件晴朗时设置为40~100km。

> 说明：在输入地表高度时，注意单位为 km，在上一步计算地表平均高程所得结果单位为 m，注意换算。

（2）多光谱设置（Multispectral Settings）

在选择传感器类型时选择 Multispectral_Landsat 8 OLI，因此出现 Multispectral Settings 按钮，单击进行多光谱设置面板，有两种设置方式：文件方式（file）和图像方式（GUI），一般选择图像文件。

在打开的 Multispectral Settings 面板中参数设置如图 6-14 所示：

Select Channel Definitions by：GUI

Assign Default Values Based on Retrieval Conditions：Over-Land Retrieval standard（660：2100）

点击 OK 完成多光谱设置。

（3）Advanced Setting（高级设置）

点击 Advanced Setting 按钮，打开高级设置面板，主要设置的参数为：Use Tiled Processing 为 YES，设置 Tile Size（Mb）为100，参数设置如图 6-15 所示。

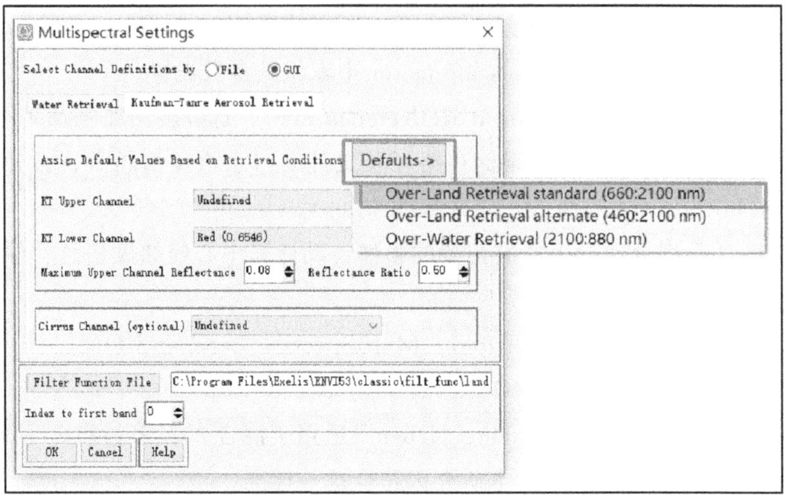

图 6-14　多光谱界面参数设置

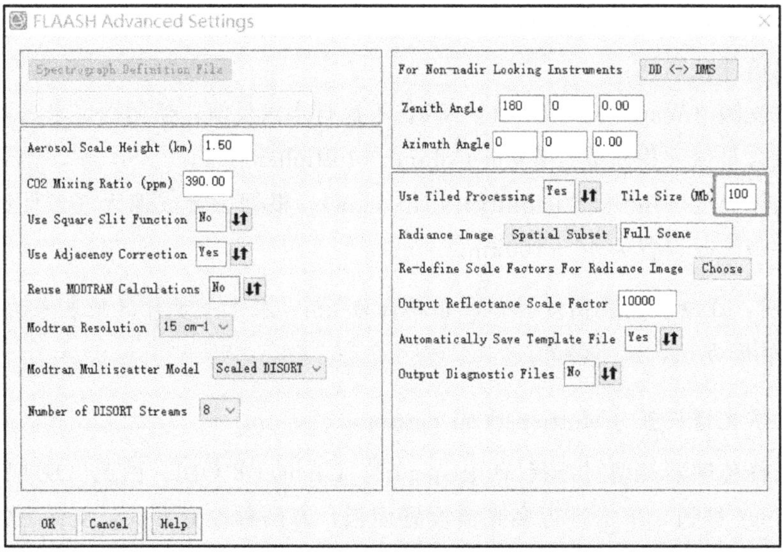

图 6-15　Advanced 参数设置

点击主界面的 Apply 完成 FLAASH 大气校正参数计算并运行大气校正操作。

说明：分块计算（Tiled Processing）的参数设置与电脑物理内存有关，拥有较大的物理内存才能设置更大的值，否则易出现溢出错误。一般设置值在 10~200MB 之间。

6.4.3 图像镶嵌

图像镶嵌指在一定数学基础控制下，把多景相邻遥感图像拼接成一个大范围、无缝的图像过程。由于一景影像难以完整覆盖研究区，因此需要将同期、同坐标系统的两幅遥感影像进行镶嵌，后裁剪得到完整的研究区。ENVI 包括：无缝镶嵌工具（Seamless Mosaic）以及基于像素的图像镶嵌（Pixel Based Mosaicking）两个图像镶嵌工具。本部分案例使用无缝镶嵌工具。

6.4.3.1 步骤 1：启动无缝镶嵌工具并加载数据

路径为 Toolbox /Mosaicking /Seamless Mosaic，如图 6-16 所示，双击激活工具。

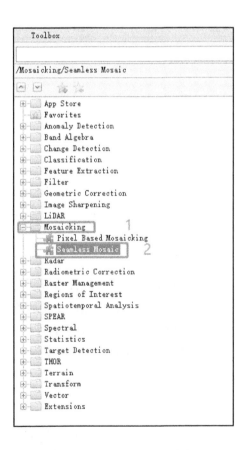

图 6-16 镶嵌工具打开路径

在无缝镶嵌工具对话框中包括：Main、Color Correction、Seamlines/Feathering、Export 4 个选项卡，如图 6-17 所示。在 Main 选项卡中可进行已导入影像相关参数的设置，如每个图像的忽略值（Data Ignore Value）、匀色处理（Color

Matching Action)、羽化距离［Feathering Distance（Pixels）］。在 Color Correction 选项卡中包括对直方图匹配的选项。在 Seamlines/Feathering 选项卡中设置图像的羽化边界，在 Export 选项卡中设置导出的图像格式、输出路径、输出图像的背景值、重采样的方法、输出的波段。

图 6-17　无缝镶嵌工具窗口

镶嵌窗口上部工具栏图标功能如图 6-18 所示，从左至右依次为添加文件、删除文件、显示/隐藏已经添加的图像、显示/隐藏图像的轮廓线、显示/隐藏图像的半透明填充的轮廓范围、显示/隐藏接边线、重新计算轮廓线对选中文件进行排序、接边线相关操作、绘制镶嵌结果的输出范围，预览结果图（Show Preview）。

图 6-18　无缝镶嵌工具栏

单击面板左上角的 ✚ 按钮，在打开的 File Selection 对话框中同时选中两幅图像，单击 OK 按钮，ENVI 自动将图像显示在视窗中。

6.4.3.2 步骤2：匀色处理

从导入的两幅影像来看，即使是同一天摄影出来的遥感影像也存在着色差。首先确定一个图像作为基准。在 Color Matching Action 一列的表格中单击鼠标右键，可以设置选中文件作为待校正（Adjust）影像、基准（Reference）影像或不处理（None）影像。本部分案例中以北部影像作为待校正影像，以南部影像作为基准影像，如图 6-19 所示。

图 6-19 基准影像设置

> 说明：镶嵌的两幅影像即使成像时间为同一天，摄影结果也会存在色差，因此为使影像呈现统一色调，需要对影像进行匀色处理，可通过调节 Color Matching Action 中基准影像、待校正影像、不处理影像三个参数，点击预览查看匀色结果，以得到最适合的匀色方案。

单击 Color Correction 选项卡，勾选 Histogram Matching 选项，其下有 Overlap Area Only（仅统计重叠区直方图进行匹配）、Entire Scene（统计整幅图像直方

图进行匹配）2 个选项。本部分案例选择仅统计重叠区直方图进行匹配，如图 6-20 所示。

图 6-20　匀色校正

6.4.3.3　步骤 3：生成接边线

选择 Seamlines→Auto Generate Seamlines 自动生成接边线，如果对生成的接边线不满意，可以手动编辑。工具为：Seamlines/Start editing seamlines。本部分案例选择自动生成接边线，如图 6-21 所示。

6.4.3.4　步骤 4：羽化设置

单击 Main 选项卡，在 Feathering Distance（Pixels）列表中可以设置每个图像的羽化距离（单位为像元）。或在 Feathering Distance（Pixels）选项上单击鼠标右键选择 Change Selected Parameters 菜单进行批量设置。单击 Seamlines/Feathering 选项卡，在 Feathering 选项下可以选择：None（不使用羽化处理）、Edge Feathering（使用边缘羽化）、Seamline Feathering（用接边线羽化），本部分案例使用边缘羽化，如图 6-22 所示。

图 6-21 生成接线边

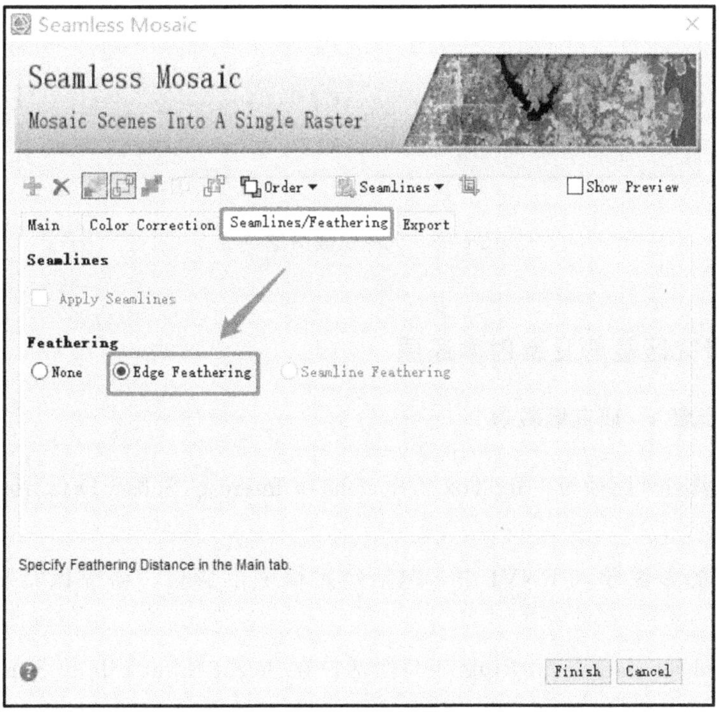

图 6-22 羽化设置

6.4.3.5 步骤 5：输出结果

输出格式为 ENVI，自定义输出文件名及路径，勾选时会自动在 ENVI 中加载结果图像（display result），输出背景值为 0，重采样方法为三次卷积，输出波段默认即可，如图 6-23 所示。两幅影像的镶嵌边界较为完美地镶嵌在一起，无明显分割线。

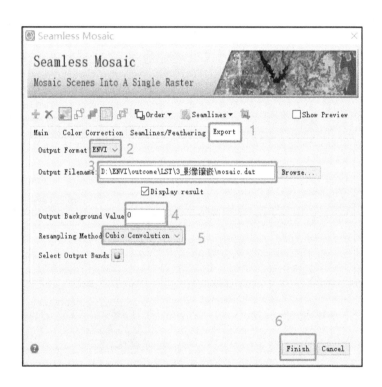

图 6-23 无缝镶嵌图像导出

6.4.4 研究区裁剪及反射率还原

6.4.4.1 步骤 1：研究区裁剪

裁剪工具打开路径为：Toolbox / Regions of Interest/ Subset Data from ROIs，如图 6-24 所示。

将所需的影像导入 ENVI 中，包括经过镶嵌的影像、研究区行政边界矢量文件。

双击 Subset Data from ROIs 工具激活，在 Select Input File to Subset via ROI 对话框中选择需要进行裁剪的影像，在这应选择经过表观反射率校正的影像作为待裁剪影像。

图 6-24 裁剪工具打开路径

在选择 Spatial Subset via ROI Parameters 对话框中，参数设置如图 6-25 所示。

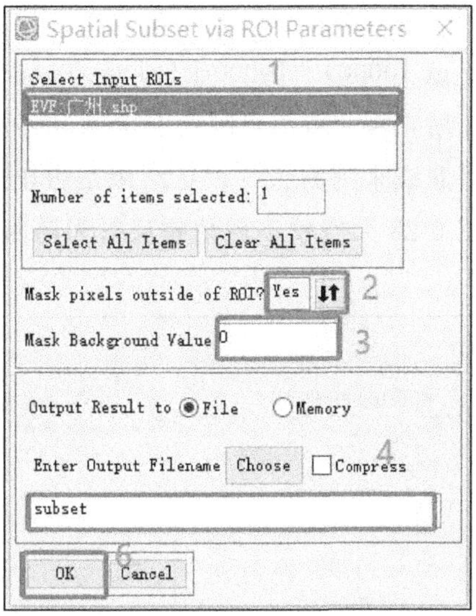

图 6-25 影像裁剪参数设置

Select Input ROIs 选择研究区的行政边界矢量文件。

Mask pixels outside of ROI（是否掩膜多边形外的像元）？选择 Yes。

Mask Background Value（裁剪背景值）：0。

Enter Output Filename：选择输出的路径以及文件名。

6.4.4.2 步骤2：去除异常值

经过 FLAASH 大气校正的像元值取值范围应在 0～10000 之间。打开经过大气校正和影像裁剪的影像，查看其像元统计值，可看出波段 2～7 取值范围均在正常范围之外（图6-26），并且超出范围的像元个数少于总像元个数的 1%。因此，可以将其视为异常值像元，为得到正常 FLAASH 大气校正结果需对影像做去除异常值处理。

Basic Stats	Min	Max	Mean	StdDev
Band 1	144	8030	1090.083997	438.982951
Band 2	-7	9197	889.647516	455.076459
Band 3	53	17760	1038.127692	507.414060
Band 4	38	13878	968.543108	601.276613
Band 5	-236	16750	2607.626826	800.837956
Band 6	-132	18994	1773.657196	749.309160
Band 7	-57	20236	1104.659020	663.268635

图 6-26　波段 1～7 像元取值范围

Band Math 打开路径为：Toolbox / Band Algebra / Band Math，双击激活工具，输入公式去除异常值，公式为：

(b1 lt 0) * 0＋(b1 gt 10000) * 10000＋(b1 ge 0 and b1 le 10000) * b1

经过异常值去除操作后，像元取值范围处于 0～10000 之间。

结合其地物反射光谱曲线来判断大气校正结果是否正确。如图 6-27 大气校正前地物反射光谱曲线与图 6-28 大气校正后地物反射光谱曲线，在正常地物反射率

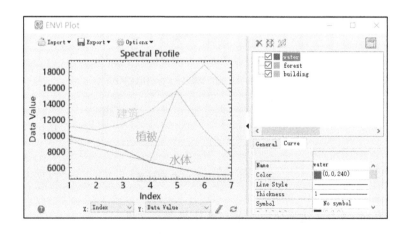

图 6-27　大气校正前地物反射光谱曲线

中，近红外波段（对应 Landsat 8）植被的反射率应该最高，在大气校正后的地物反射波谱中植被的反射率符合这一特点，而在大气校正前建筑的反射率高于植被，与这一规律相违背。在绿光波段，三种地物的反射率排序应该是：建筑＞植被＞水体，在大气校正前的图中水体反射率远高于植被，与这一规律相违背。因此可以判定，经过 FLAASH 大气校正的结果正确，可进行进一步操作。

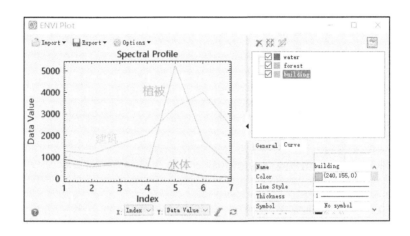

图 6-28　大气校正后地物反射光谱曲线

6.4.4.3　步骤 3：反射率还原

FLAASH 大气校正后，数据扩大了 10000 倍，所以本步骤用 Band Math 还原反射率，公式为：b1 /10000.0。

> 说明 1：点击 Map Variable to Input File 选项，可为变量 B1 同时选择图像镶嵌后的六个波段，减少多次输入的繁琐操作。
> 说明 2：将公式输入后，可点击 Save 进行公式的保存，有利于下次公式的输入，点击 Restore 可直接调取出来，不必再次输入。
> 说明 3：公式 b1 /10000.0，其中 10000 后面的 .0 不可省略，代表设置为浮点型。

6.5　基于单通道算法反演地表温度

本节案例的算法是在某个温度值附近对普朗克定律函数作一阶泰勒级数展开而得出的一种普适性单通道算法。

该算法可以针对任何一种热红外数据反演地表温度，适用于 Landsat 8 数据。

6.5.1 反演地表温度

6.5.1.1 步骤 1：安装地温反演插件

将 Landsat 8 遥感影像导入 ENVI 中（以编号 LC81220432021051LGN00 影像为例），本步骤所用到的工具为：Landsat 8 LST 扩展工具，可在 App Store for ENVI 中进行下载，重启 ENVI 软件激活 App Store 扩展工具（图 6-29），在 App Store 中下载地温反演需要的插件（见图 6-30）。先输入搜索地温反演工具，后下载。

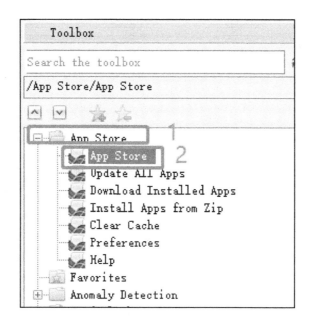

图 6-29　App Store 打开路径

图 6-30　地温反演工具下载

打开地温反演工具：Toolbox / Extensions / Landsat 8 LST（见图 6-31），双击激活工具。

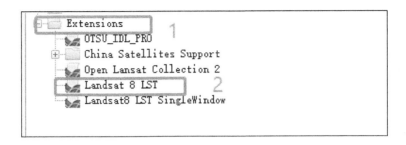

图 6-31　地温反演工具

6.5.1.2　步骤 2：大气剖面参数查询

激活工具后，在弹出的对话框中选择 Landsat 8 MTL.txt 文件，单击 OK。弹出对话框，展示所有输入参数，包含时间、经纬度、模型等信息。本部分案例所用的 Landsat 8 影像数据如图 6-32 所示，将信息填写到网页中对应位置即可。自动弹出 IE 浏览器见图 6-33，用来计算大气剖面参数。

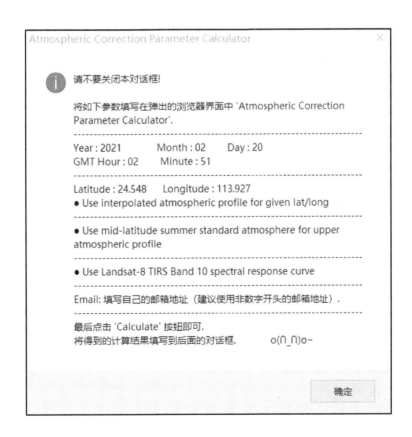

图 6-32　影像相关信息

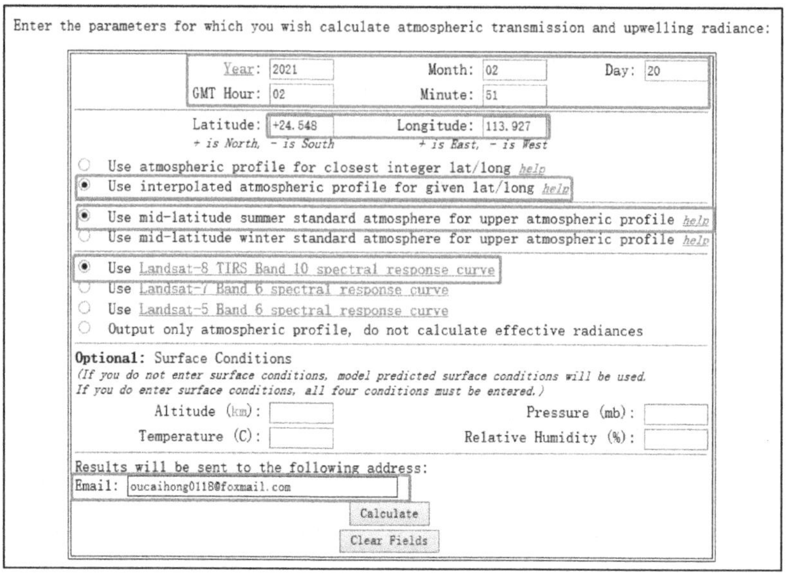

图 6-33　网页输入相关参数

输入 Email，单击 Calculate 按钮即可获取如下参数（图 6-34）：

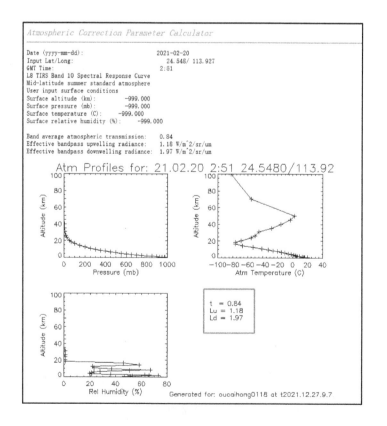

图 6-34　查询结果

Band average Atmospheric transmission：0.84

Effective bandpass upwelling radiance：1.18 W/m^2/sr/um

Effective bandpass downwelling radiance：1.97 W/m^2/sr/um

6.5.1.3 步骤3：参数设置

将参数输入到地温反演对话框内，Atmospheric Transmission：0.84；Upwelling Radiance：1.18；

Downwelling Radiance：1.97。选择输出的路径及文件命名如图6-35所示。至此完成地温反演的初步操作。

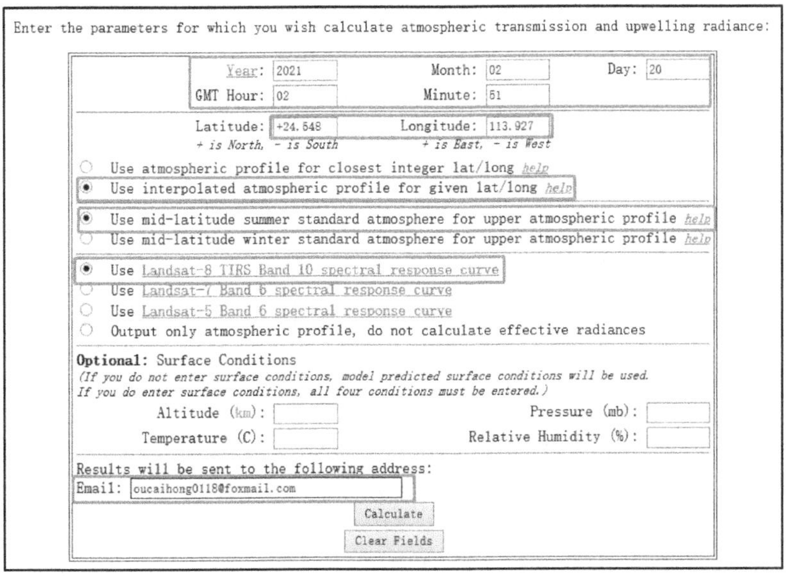

图6-35 参数设置

由Landsat 8整幅影像的地温反演结果（编号：LC81220432021051LGN00）可得，经统计最大值为38.764224，最小值为0.881468，平均值为19.467273，标准差为2.026167。按照上述步骤1~3将编号LC81220442021051LGN00的影像进行地温反演，所得结果经统计最小值为-0.375629，最大值为44.762011，平均值为21.865632，标准差为2.622860。

6.5.2 影像镶嵌

将经地温反演所得的影像镶嵌一起，得到完整研究区的地温反演结果。镶嵌方法参考6.4.3小节。

6.5.3 影像裁剪

详细操作过程不再赘述。所得 LST 统计结果，最大值为 44.758599，最小值为 0.233015，平均值为 22.097205，标准差为 2.362654。

6.5.4 计算热岛强度

热岛强度是评价城市热岛效应的一个重要指标，其反映的是城市中某区域温度高于周围区域温度的现象。引入相对热岛强度（刘航 等，2017）来表征城市的热岛效应，热岛强度越高，则相应区域内热岛效应越明显。提取研究区内的平均温度作为参考，计算热岛强度的公式如下：

$$H = \frac{\text{LST}_i - \text{LST}_{\text{mean}}}{\text{LST}_{\text{mean}}} \tag{6-1}$$

式中　H——相对热岛强度，是一个无量纲值；

LST_i——研究区第 i 点的地表温度；

LST_{mean}——区域平均地表温度。

对研究区地表温度进行统计如图 6-36 所示，最高温度为 44.758599℃，最低温度为 0.233015℃，平均温度为 22.097205℃，标准差为 2.362654。

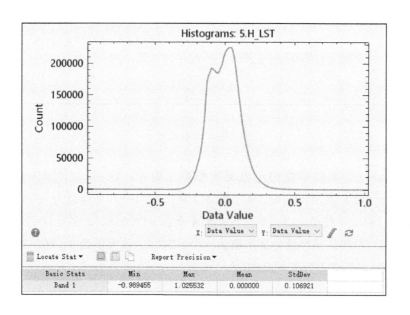

图 6-36　热岛强度统计结果

运用上述热岛强度计算公式如下：

$$H = \frac{\text{LST}_i - 22.097205}{22.097205} \tag{6-2}$$

将公式输入 Band Math 中，即[float(b1)－22.097205]/22.097205，计算结果得到研究区热岛强度最高值为 1.025532，最低值为－0.989455，平均强度为 0，标准差为 0.106921。

说明： 在计算城市热岛强度时，需要将变量设置为浮点型，否则会出错。

启动 ArcGIS 软件，打开 ENVI 中所得的热岛强度结果图，右击图层，单击"属性"，打开"图层属性"面板，单击"显示（S）"选项卡中的"已分类"，点击"分类"选择"自然间断分级法（Jenks）"，在"类别（C）"选项输入 8，点击 OK，对各个年份的数据进行赋颜色，将研究区城市热岛强度划分为 8 级（见图 6-37）：极强热岛（1.03～0.27℃）、中强热岛（0.27～0.15℃）、次强热岛（0.15～0.08℃）、弱热岛（0.08～0.01℃）、弱冷岛（0.01～－0.05℃）、次弱冷岛（－0.05～－0.11℃）、中强冷岛（－0.11～－0.18℃）、极强冷岛（－0.18～－0.969℃）。

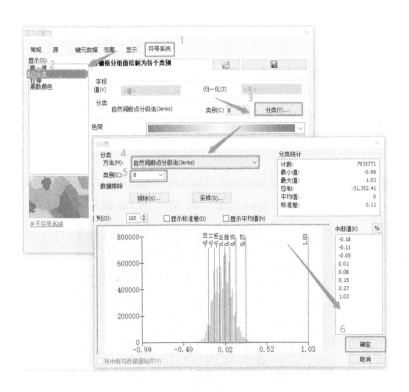

图 6-37 热岛强度分级

将分类结果的标注进行更改，如图 6-38 所示分成 8 类。

图 6-38　更改标注

所得城市热岛强度结果图中，城市热岛从蓝色过渡到红色，饱和度最高的蓝色代表极强冷岛，红色代表极强热岛。

6.6　"源-汇"景观因子计算

6.6.1　水体——MNDWI 指数

6.6.1.1　步骤 1：指数计算

指数计算运用到的工具是：Band Algebra—Spectral Indices，选择 Modified Normalized Difference Water Index 指数（即 MNDWI 指数）进行计算，如图 6-39

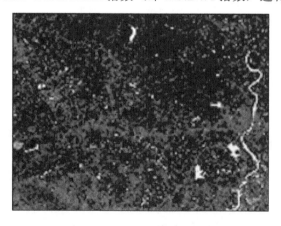

图 6-39　MNDWI 指数计算效果示意

所示,白色为水体,黑色为非水体。

6.6.1.2 步骤 2:掩膜提取

对于水体提取指数来说按默认 0 阈值提取的水体信息会造成漏提或过提,因此需要通过人工目视解译确定阈值。在 ENVI 窗口中导入 MNDWI 指数计算结果,完成预处理后的研究区影像(作为参考影像),并将影像以假彩色 564 波段显示以凸显水体信息,如图 6-40(书后另见彩图),影像中水体呈现深蓝色、植被呈现黄色、建筑物呈现亮度较高的灰度值,三种地物对比显著,有利于识别提取水体。

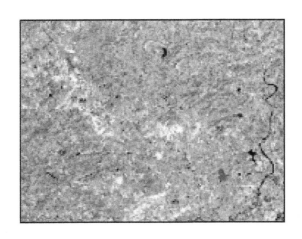

图 6-40 原始影像 564 增强效果示意

对 MNDWI 指数进行掩膜提取前需要确定水体与非水体地物划分的阈值,形成掩膜文件,后在指数计算结果图上运用掩膜文件。确定阈值生成感兴趣区(ROI)的工具为:右击影像图层——New Region of Interest,打开 Region of Interest(ROI)Tool 对话框,点击 Threshold—Add New Threshold Rule 增加新阈值(见图 6-41),在弹出来的对话框中选择需要进行阈值划分的影像,本例中点击 MNDWI 指数计算结果,点击 OK 进入下一步。

打开 Choose Threshold Parameters 对话框,通过数值输入或者手动移动阈值分割线进行阈值界定(见图 6-42),初次确定好阈值后可点击 Preview 进行提取效果预览,为提高提取精度,可点击 Portal 按钮进行影像叠加透视,对比 564 叠加增强影像确定水体。确定阈值后点击 OK。

通过目视确定 MNDWI 指数水体提取的阈值为 0.2,打开掩膜工具:Toolbox—Raster Management—Masking—Apply Mask,如图 6-43 所示。

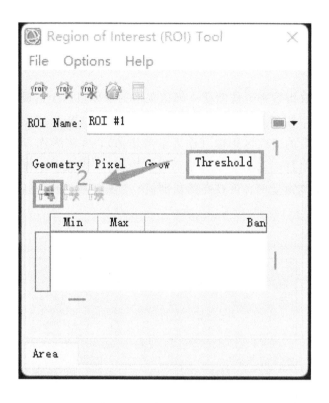

图 6-41　增加新阈值对话框

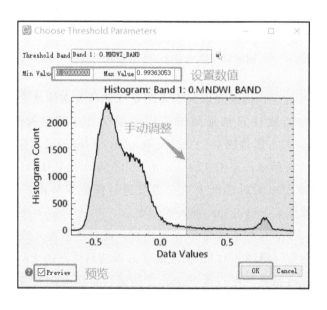

图 6-42　阈值确定

在打开的 Apply Mask Input File 对话框中选择待掩膜的影像，点击 Mask Options—Build Mask 创建掩膜文件，如图 6-44 所示。

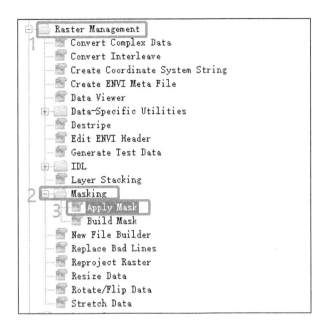

图 6-43 掩膜工具打开路径

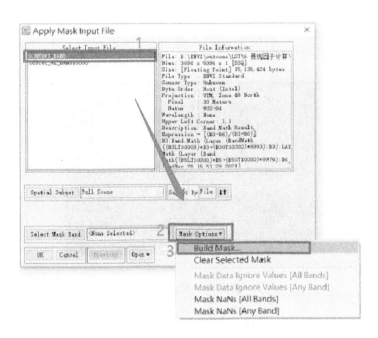

图 6-44 打开生成 ROI 工具路径

Mask Definition 对话框中点击 Option—Import ROIs，进入 Mask Definition Input ROIs 对话框，输入上一步中确定好的阈值文件，点击 OK，如图 6-45 所示。回到 Mask Definition 对话框设置好输出路径和文件名，将掩膜文件导出，如图 6-46 所示。

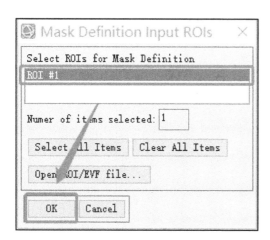 

图 6-45　输入 ROI　　　　　　　　图 6-46　导出掩膜文件

所得掩膜文件如图 6-47 所示，阈值≥0.2 的 MNDWI 结果数值被赋予 1 值，在 ROI 掩膜文件中显示为白色，表示水体；阈值＜0.2 的 MNDWI 结果数值被赋予 0 值，在 ROI 掩膜文件中显示为黑色，表示非水体区域。

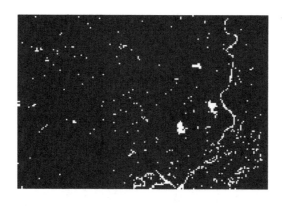

图 6-47　ROI 掩膜效果示意

将上一步中所得的掩膜文件应用至 MNDWI 指数计算结果图中，提取 MNDWI 指数中的水体信息，Select Input File 面板中点击 MNDWI 指数计算结果，在 Apply Mask Input File 面板中点击 Select Mask Band 按钮，选择上一步中生成的 ROI 掩膜文件，点击 OK，在后弹出的 Apply Mask Parameters 对话框中选择输出路径和文件名，点击 OK 完成影像掩膜的全部操作，如图 6-48 所示。

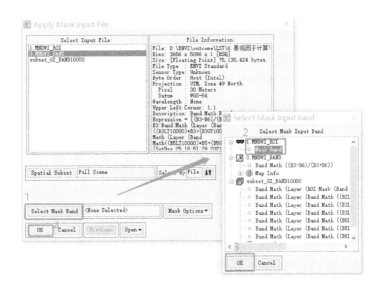

图 6-48 应用掩膜文件

水体提取效果示意如图 6-49 所示,白色区域为水体区域,黑色为非水体区域,经统计所得水体取值范围在 0.2~0.993631 之间,共有 405280 个像元。

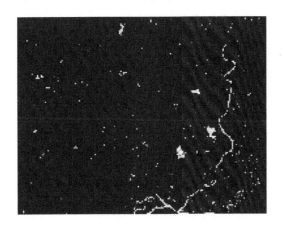

图 6-49 水体提取效果示意

6.6.1.3 步骤 3:计算水体 LST

在计算"源-汇"景观贡献度时,需要用到不同景观因子的平均温度,因此需要以所提取出来的水体文件作为掩膜文件对地温反演结果进行掩膜提取。

将研究区地温反演结果、MNDWI 指数水体掩膜文件(ROI)导入数据框内,打开 Raster Management—Masking—Apply Mask 工具,如图 6-50 所示,在 Apply Mask Input File 面板中选择待掩膜的研究区地表温度反演结果，点击 Select Mask Band 选择水体 ROI 文件，点击 OK 进行下一步，在 Apply Mask Parameters 对话框中选择输出路径和文件名，完成水体区域温度的提取。

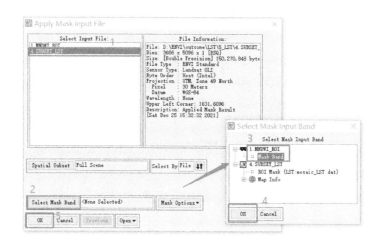

图 6-50　基于 ROI 对水体 LST 掩膜

提取水体的 LST 结果如图 6-51 所示，统计所得水体的最低温度为 8.795977℃，最高温度为 44.508003℃，平均温度为 20.757574℃，标准差为 1.761156。影像上颜色偏黑色的温度较低，颜色偏灰色的温度较高。

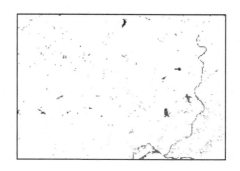

图 6-51　提取水体 LST 效果示意

6.6.2　植被——NDVI 指数

指数计算运用到的工具是 Band Algebra—Spectral Indices，选择 Normalized Difference Vegetation Index 指数（即 NDVI 指数）进行计算。暗灰色为建筑物，亮灰色为植被。

按照之前 MNDWI 指数处理流程，先将植被区域提取出来，后利用植被 ROI 文件将植被地表温度文件提取出来，以计算"源-汇"景观贡献度。在阈值界定过程中可以以原始影像假彩色 543 波段叠加来增强植被信息，如图 6-52(a)(书后另见彩图)，植被显示为红色、水体显示为蓝色、建筑区显示为青色。通过阈值界定，得出 NDVI 指数的最佳阈值为 0.45，根据最佳阈值得出植被掩膜文件，白色为植被区域，黑色为非植被区域，如图 6-52(b)(书后另见彩图)所示。

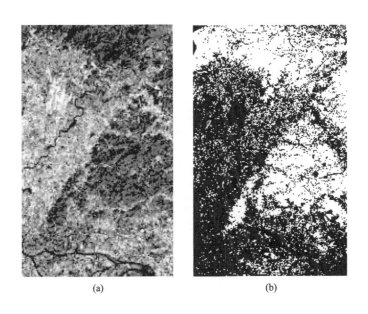

图 6-52　掩膜效果对比示意

利用上一步得到的植被 ROI 掩膜文件，对 NDVI 指数进行植被掩膜提取，得出研究区的植被覆盖区域图。

基于植被提取的 ROI 文件，对研究区地表温度植被区域的平均温度进行提取。经统计所得，植被区域 LST 最高温度为 34.914653℃，最低温度为 12.955844℃，平均温度为 20.797800℃，标准差为 1.779843。在结果影像中灰度值越高的区域温度越低。

6.6.3　不透水面——Vr NIR_BI 指数

不透水面包括建筑物、道路和所有其他不透水的表面，在本部分案例中利用 Vr NIR_BI 指数（基于红光的建筑指数）进行提取。首先从 Vr NIR_BI 图像中屏蔽掉水体，反向提取水体信息，基于 MNDWI 指数以 0.2 为阈值，选取数值小于 0.2 的非水体的部分作为掩膜文件，对 Vr NIR_BI 指数进行提取得到非水体地物影像。

对 Vr NIR_BI 指数的计算在 Band Math 工具中进行。干度指标的计算公式如下：

$$\text{Vr NIR\_BI} = \frac{\rho_{\text{RED}} - \rho_{\text{NIR}}}{\rho_{\text{RED}} + \rho_{\text{NIR}}} \tag{6-3}$$

6.6.3.1 步骤 1：计算水体 BI 指数

Vr NIR_BI 结果如图 6-53 所示，经过统计分析得出 Vr NIR_BI 指数最大值为 0.993421，最小值为 -0.964945，平均值为 -0.453488，标准差为 0.274268。影像上白色为水体区域，灰度值较高的为建筑物，灰度值较低的为植被。

图 6-53 BI 指数计算效果示意

6.6.3.2 步骤 2：剔除水体信息

利用 MNDWI 指数反向提取非水体区域，阈值范围：MNDWI（min）～0.42。以此阈值生成掩膜文件 ROI，对研究区地表温度反演结果、BI 指数进行掩膜提取，同时得到两个影像结果中非水体的地区。进行掩膜的工具为：Toolbox—Raster Management—Masking—Apply Mask。

所得地表温度反演结果经过剔除处理水体和背景值融合一体，显示为 NO DATA 值。BI 指数剔除水体信息的结果图中水体区域与背景值也同样融合在一起，显示为 NO DATA 值。

6.6.3.3 步骤 3：提取不透水面

导入上一步经过水体剔除处理的 BI 指数，以 BI 指数为基础影像，进行阈值的划分，区分植被和不透水面区域。图 6-54(a) 为设置阈值生成的 ROI 文件，在 ROI 文件值只有两种像元 0 与 1，0 在影像上显示为黑色，表示会被剔除的区域，1 在影像上显示为白色，表示掩膜后保留的区域。图 6-54(b) 为掩膜提取结果，结果影像中植被区域与水体区域显示为白色,即为 NO DATA 值,不透水面在影像上呈现为灰色。经统计不透水面文件共有 3076156 个像元,最小值为 −0.42,最大值为 0.22488,平均值为 −0.26171,标准差 0.106739。

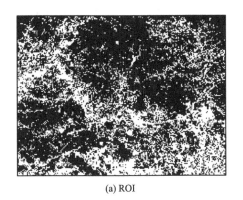
(a) ROI

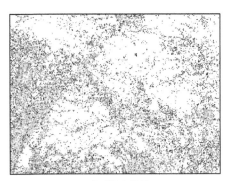
(b) 掩膜提取结果

图 6-54 BI 掩膜效果对比示意

6.6.3.4 步骤 4:计算不透水面地表均温

以上一步生成的 ROI 文件对已剔除水体的 LST 文件进行掩膜,得到不透水面地表温度文件,所使用的掩膜工具为 Apply Mask。图中植被、水体、背景值均呈现为白色,为 NO DATA 值区域,不透水面灰度值处于 0~255 之间。经统计不透水面地表温度,最高温度为 44.758599℃,最低温度为 0.233015℃,平均温度为 23.987228℃,标准差为 1.820107。

6.6.4 其他土地提取

其他土地是指未被归类为水体、植被和不透水面的剩余土地,对其他的剩余土地提取方法为基于专家知识的决策树分类。决策树分类规则为 Class1(非植被区域):NDVI<0.45;Class2(非水体区域):MNDWI<0.2;Class3(非不透水面区域):BI<−0.42,所得结果为未被归为上述 3 类的土地类型。

6.6.4.1 步骤 1:打开决策树分类工具

1)在 ENVI 窗口中打开 MNDWI 指数计算结果影像、NDVI 指数计算结果影像、BI 剔除水体后的影像。

2)决策树分类工具路径:Classification—Decision Tree—New Decision Tree,如图 6-55 所示,在打开 ENVI Decision Tree 窗口中,二叉树图形显示区域包含一个决策树节点和两个类别,上方菜单命令导航的功能如下:

① 文件（File）包括新建决策树（New Tree）、保存决策树（Save Tree）、打开一个决策树文件（Restore Tree）功能；

② 选项（Option）包括决策树方向水平/垂直显示切换（Rotate view）、放大决策树（Zoom In）、缩小决策树（Zoom Out）、在决策树中按照从左到右的顺序重新指定类别数和颜色（Assign Default Class Values）、隐藏/显示变量/文件对话框（Show Variable/File Pairings）、更改输出参数对话框（Change Output Parameters）、执行决策树（Execute）。

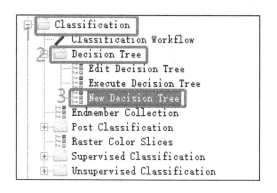

图 6-55 决策树工具打开路径

6.6.4.2 步骤 2：创建决策树

① 在第一个决策树节点上填写节点名称（Name）：NDVI＜0.45，如图 6-56 所示。

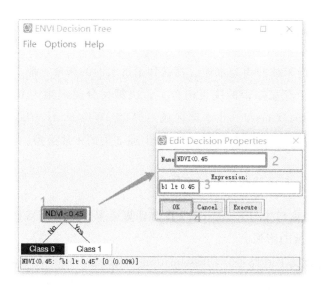

图 6-56 创建决策树

② 填写节点表达式（Expression）：b1 lt 0.45，单击 OK 按钮。

③ 在后自动打开变量/文件选择对话框（Variable/ File Pairings），单击左边列表中的 NDVI 变量，在弹出的文件选择对话框中选择 NDVI 指数计算结果，给 b1 变量指定一个数据文件，如图 6-57 所示。单击 OK 按钮，可以看到属性编辑窗口中的第一层节点名称变成 NDVI＜0.45。

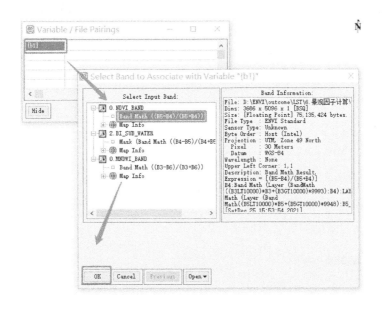

图 6-57　变量设置参数

④ 第一个节点表达式设置完成，根据 NDVI＜0.45 成立与否划分为两部分，继续添加第二层节点。

⑤ 鼠标右键单击 Class1，从快捷菜单中选择 Add Children，如图 6-58 所示，将 NDVI 值符合分类标准的那类进一步细分成两类。ENVI 自动地在 Class1 下创建两个新的类（Class1 和 Class2）。

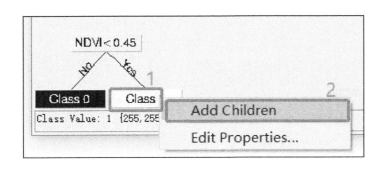

图 6-58　添加新规则

⑥ 单击空白的节点，调出节点属性编辑窗口（Edit Decision Properties）。

⑦ 填写节点名称（Name）：MNDWI＜0.2。

⑧ 填写节点表达式（Expression）：b2 lt 0.2。

⑨ 单击 OK 按钮，调出变量/文件选择对话框（Variable/File Pairing），在弹出的文件选择对话框中为变量 b2 选择一个对应的参数波段。

⑩ 这样就把 NDVI 高的部分（NDVI＜0.45：Yes）又划分为非水体区域（MNDWI＜0.2：Yes）和水体区域（MNDWI＞0.2：No）。

⑪ 重复⑤～⑩步骤，根据规则表达式把剩余的 BI＜－0.42 节点加入。所得全部规则如图 6-59 所示。b1 代表 NDVI 指数，b2 代表 MNDWI 指数，b3 代表去除水体信息的 BI 指数。

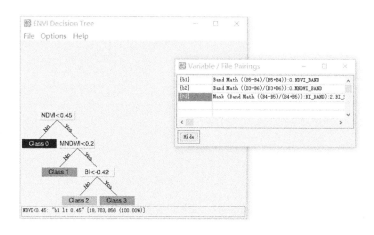

图 6-59　决策树规则

⑫ 单击最底层的"Class2"，弹出输出分类属性（Edit Class Properties）。弹出对话框参数设置如图 6-60 所示，单击 OK 按钮，得到最终的决策树。

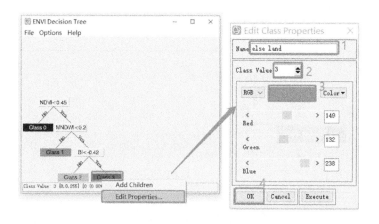

图 6-60　分类结果属性设置

分类名称（Name）：else land。
分类值（Class Value）：3。

说明：决策树所输入的变量中，部分变量可根据输入的影像进行波段计算，如 NDVI 指数，但一些变量参数需要先在波段计算器中进行计算才可应用，如本次案例中的 BI 指数等。

6.6.4.3 步骤 3：执行决策树

① 在 ENVI Decision Tree 窗口中，选择 Options Execute，打开 Decision Tree Execution Parameters 对话框。

② 在 Decision Tree Execution Parameters 对话框中，设置输出的路径及文件名，点击 OK 即完成执行决策树操作，如图 6-61 所示。

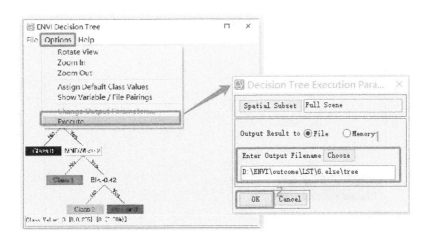

图 6-61　结果输出

分类处理完成后，分类结果会自动地加载到一个新的显示窗口中。在所得结果中，紫色为所提取的其他土地类型，黑色为植被区域，红色为水体区域，绿色为不透水面，如图 6-62 所示（书后另见彩图）。

在 ENVI Decision Tree 对话框的空白背景上，单击鼠标右键，从弹出的快捷菜单中选择"Zoom In"。现在每个节点标签都会显示每个分类的像素个数以及所包含像素占总图像像素的百分比。如图 6-63 所示，NDVI 像素个数为 18783856，占比 100%；MNDWI 像素个数为 3717474，占比 19.79%；BI 像元个数为 3312602，占比 17.64%。

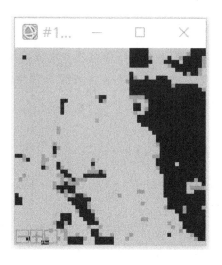

图 6-62　四类土地利用类型分类效果示意

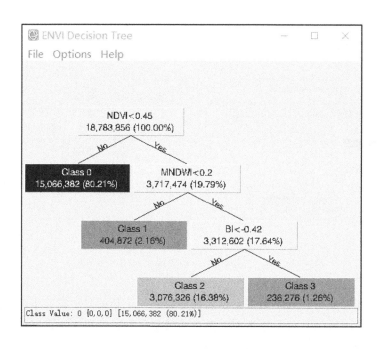

图 6-63　统计各类土地利用类型占比

6.6.4.4　步骤 4：计算平均地温

将上一步中得出的决策树结果导出为掩膜文件，导出路径为：右击结果分支（其他土地类型），点击 Save Survivors to Mask，打开 Output Survivors to Mask File 设置输出路径及文件名，如图 6-64 所示。

第6章 基于"源-汇"景观的城市热岛效应分析

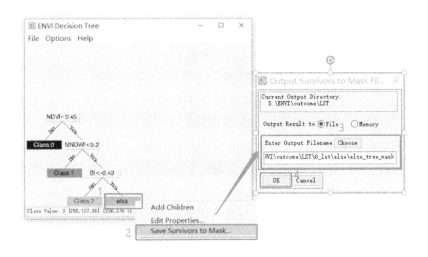

图 6-64　保存其他土类的掩膜文件

得到的掩膜文件为其他土地类型的分布，其他土地类型包括未归于水体、植被和不透水面的土地类型，分布较为分散。

利用在决策树中导出的掩膜文件对研究区的地表温度文件进行掩膜，得到其他土地类型的平均地表温度文件，经统计其他土地类型地表温度（见图6-65）的最大值为35.243001℃，最小值为13.649855℃，平均温度为22.982923℃，标准差为1.407753。

Basic Stats	Min	Max	Mean	StdDev
Band 1	13.649855	35.243001	22.982923	1.407753

图 6-65　其他土类地表温度统计表

至此用于计算"源-汇"景观贡献度、景观效应指数的数据全部计算完毕，下面展开计算两个指数的分析。

6.7　结果分析

6.7.1　"源-汇"景观贡献度

通过源区、汇区与区域平均温度的差值及面积百分比的乘积来确定其对热岛的贡献度CI，公式如下：

$$CI = (T_i - T_{\text{mean}}) \times \frac{S_i}{S} \tag{6-4}$$

式中 T_i，S_i——某一区域汇区或源区的平均温度与面积；

T_{mean}，S——该区域的平均地表温度和面积。

一般源区其 CI 值＞0，汇区其 CI 值＜0。

根据上述公式计算所得研究区源区的景观贡献指数为 0.7194，汇区的景观贡献指数为 −0.3788。即源区 CI 值＞0，汇区 CI 值＜0。

不同下垫面覆盖类型的地表温度有很大差异（表 6-1），对城市热岛效应贡献不同，汇景观的平均 LST 均低于研究区域的平均温度，而不透水面的平均 LST 明显高于研究区的平均温度，达到了 23.987℃，水体的温度最低，其平均 LST 只有 20.758℃，可见不透水面对 LST 的升高有巨大贡献，而水体则是研究区最主要的降温汇区。

表 6-1 景观因子数据统计

景观因子	平均温度/℃	像元个数	面积/km²
植被	20.798	4218341	3796.51
水体	20.758	405280	364.75
不透水面	23.987	3076156	2768.54
其他土地	22.983	236276	212.65
"源"景观	23.987		2768.54
"汇"景观	21.513		4373.91
研究区地表均温	22.131	研究区总面积	7142.45

6.7.2 景观效应指数

为实现不同区域城市地表热岛效应的对比分析，引入景观效应指数 LI，并将其定义为汇景观与源景观贡献指数比值的绝对值，其公式如下：

$$LI = \left| \frac{CI_{\text{sink}}}{CI_{\text{source}}} \right| \tag{6-5}$$

式中 CI_{sink}，CI_{source}——汇区、源区的景观贡献指数。

LI 值＞1，表征该源汇景观可减缓城市热岛效应；LI 值＜1，表征该源汇景观对城市热岛有促进作用；LI 值＝1，表明既不促进也不减缓。

根据上述公式计算所得研究区景观效应指数值为 0.5267，即 LI 值＜1，表征该源汇景观对城市热岛有促进作用，景观效应指数能够有效反映局部区域景观对城市热岛的贡献。

6.8 索引

6.8.1 本章各案例涉及的软件技巧和知识点

ENVI 软件操作	章节部分
辐射定标——Radiometric Calibration	6.4.1.1
大气校正——FLAASH Atmospheric Correction	6.4.2
图像镶嵌——Mosaicking	6.4.3
图像裁剪——Subset Data from ROIs	6.4.4.1
波段计算工具——Band Algebra—Band Math	6.5.4
指数计算工具——Band Algebra—Spectral Indices	6.6.1.1
使用掩膜文件实现阈值的选取——Region of Interest(ROI)Tool—Threshold—Add New Threshold Rule	6.6.1.2
掩膜提取—— Raster Management—Masking—Apply Mask	6.6.1.2
决策树——Classification—Decision Tree—New Decision Tree	6.6.4.1
ArcGIS 软件操作	章节部分
图像数据分级—— Properties—Layer Properties—Symbology—Classified	6.5.4
知识点	章节部分
Landsat 8 数据的下载	6.3.1
ENVI App Store 插件的安装使用	6.5.1.1
地表温度 LST 的求取	6.6.1.3

6.8.2 本章各案例涉及的影像数据和过程数据索引

[1] 6.3 中案例——Landsat 8 影像预处理案例影像

[2] 6.4.1 中案例——Radiance_43.dat 辐射校正过程影像

[3] 6.4.2 中案例——FLAASH_43.dat 大气校正过程影像

[4] 6.4.3 中案例——Mosaic.dat 图像镶嵌过程影像

[5] 6.4.4 中案例——Subset_CZ.dat 图像裁剪过程影像

[6] 6.5.1 中案例——Landsat 8 LST.dat 地温反演案例影像

[7] 6.5.2 中案例——Mosaic_ LST.dat LST 镶嵌结果影像

[8] 6.5.3 中案例——Subset_LST.dat LST 裁剪结果影像

[9] 6.5.4 中案例——ArcGIS 案例热岛强度分级专题图

[10] 6.6.1 中案例——MNDWI 指数计算结果影像

[11] 6.6.1 中案例——MNDWI 指数掩膜提取结果影像

[12] 6.6.1 中案例——MNDWI 指数生成的 ROI 结果文件

[13] 6.6.1 中案例——MNDWI 指数提取水体的 LST 结果图

［14］6.6.2中案例——NDVI指数计算结果影像

［15］6.6.2中案例——NDVI指数植被掩膜结果影像

［16］6.6.2中案例——NDVI指数地表温度提取影像

［17］6.6.3中案例——BI指数计算结果影像

［18］6.6.3中案例——BI指数非水体区域掩提取结果影像

［19］6.6.3中案例——BI指数剔除水体信息结果图

［20］6.6.3中案例——BI指数掩膜提取结果

［21］6.6.3中案例——BI指数不透水面地表温度提取结果

［22］6.6.4中案例——决策树土地利用类型分类结果

［23］6.6.4中案例——其他土地类型掩膜图

［24］6.6.4中案例——其他地表温度结果掩膜提取图

6.8.3　本章各案例涉及的软件、插件和脚本索引

6.6.1中案例——App Store for ENVI 地温反演插件

第 7 章

基于 RSEI 指数的自然生态环境监测

生态环境是指由生物群落及非生物自然因素组成的各种生态系统所构成的整体，主要或完全由自然因素形成，并间接、潜在、长远地对人类的生存和发展产生影响（孙儒泳，2006）。为了保护生态环境，必须对环境生态的演化趋势、特点及存在的问题建立一套行之有效的动态监测与控制体系，这就是生态环境监测。徐涵秋（2013）从城市生态出发，提出一个完全基于遥感信息、能够集成多种指标因素的遥感综合生态指数（remote sensing-based ecological index，RSEI），评价城市生态质量，本章案例以此指数进行演示。

7.1 专题简介

7.1.1 研究区概况

研究区位于中国华东某市，为沿海地区。平均日照时数达到 1700～1980h；年平均气温为 19.60℃，年均降雨量约 1637 mm，降水量时空分布不均，全年气候温暖湿润，四季较分明，属亚热带海洋性季风气候。地形以山地和丘陵为主，属于典型的河口盆地；受地形地貌的影响，该地区盛行东南风，其次为西北风。水系十分发达，水网密布。植被类型较为复杂，种类繁多，包括常绿阔叶林、灌丛和滨海沙生植被等。

7.1.2 主要内容与技术路线

使用覆盖研究区的 2021 年 1 月 18 日的两景哨兵-2A 遥感影像数据，预处理后进行镶嵌，利用研究区矢量数据裁剪，提取相关生态因子（湿度、绿度、热度和干度)。其中,计算热度时需应用相同时间的 Landsat 8 影像。最后计算研究区 RSEI 指数,完成整个自然生态环境评价流程。

技术路线如图 7-1 所示。

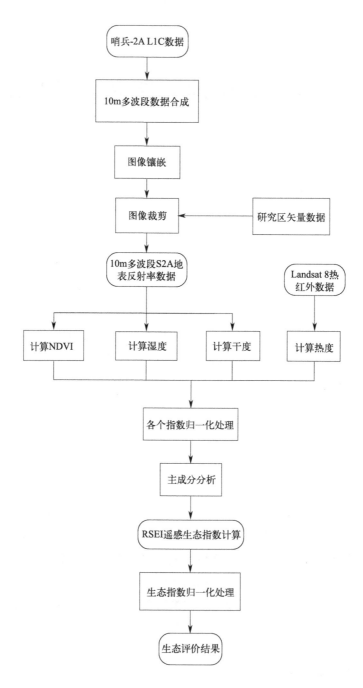

图 7-1 技术路线图

7.2 遥感影像数据获取

7.2.1 哨兵-2数据获取方式

哨兵-2数据的获取有3种方式，分别为欧空局哥白尼数据中心下载、美国地质调查局（United States Geological Survey，USGS）官网下载以及地理空间数据云下载。

下面进行逐一介绍。

（1）哥白尼数据中心

① 打开欧空局哥白尼数据中心网站。

② 在网站首页点击 Open Hub，然后点击右上角的人像图标，点击 sign up 注册账号（图7-2）。

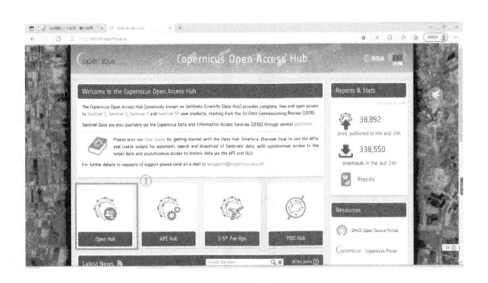

图7-2 哥白尼数据中心首页

③ 框选需要下载的区域。

④ 在左侧设置框填写查询数据信息，本次时间设置为2021年1月1日至11月28日，在 Mission：Sentinel-2 下的设置框 Satellite Platform 中选择 S2A_*，Product Type 为 S2MSI1C，Cloud Cover%（e.g.[0 TO 9.4]）设置为[10 TO 20]，根据需求设置，设置完成后，点击搜索（图7-3）。

⑤ 选择所需影像加入购物车（图7-4）。

⑥ 点击购物车，进行下载即可（图7-5）。

图 7-3　设置参数

图 7-4　影像加入购物车　　　　图 7-5　选取影像下载

(2) USGS 官网

① 登录 USGS 官网，在 Search Criteria 中以 Geocoder 和 KML/Shapefile Upload 两种方式选择研究区，本节选择 Address/Place，选择研究区名，之后会定位到所选研究区并显示经纬度，时间范围为 2021 年 1 月 1 日至 11 月 28 日。

② 之后点击 Data Sets 选择下载数据类型，选择 Sentinel 下的 Sentinel-2。

③ 点击 Additional Criteria 中设置额外参数，本节设置 Cloud Cover Less

than 10%。

④ 最后点击 Results，会出现符合条件的影像，可通过预览影像，根据所需选择影像下载。

（3）地理空间数据云

① 进入地理空间数据云网站并登录，在高级检索中的数据集选择 Sentinel 数据，可选哨兵-1 号或者哨兵-2 号数据。

② 之后选择空间位置，有三种选择，分别为经纬度、条带号、地图选择和行政区。本节以行政区选择方法为例，设置研究区，时间范围为 2021 年 1 月 1 日至 11 月 28 日，云量小于 10%，可根据研究需要设置条件，之后点击检索会出现符合条件的影像，点击下载即可。

7.2.2 Landsat 8 数据获取

在第 6 章中，介绍了使用地理空间数据云的方式下载 Landsat 8 影像的数据，这里介绍使用 USGS 官网下载 Landsat 8 数据的方法。

① 登录 USGS 官网，在 Search Criteria 中以 Geocoder 和 KML/Shapefile Upload 两种方式选择研究区。本节选择 Path/Row，输入（119，42），之后会定位到研究区并显示经纬度，时间范围为 2021 年 1 月 1 日至 11 月 28 日。

② 在 Data Sets 中选择 Landsat—Landsat Collection 1—Landsat Collection 1 Level 1—Landsat 8 OLI/TIRS C1 Level-1。

③ 在 Additional Criteria 中设置其他额外选项，Land Cloud Cover 中选择 Less than 10%，Scene Cloud Cover 中选择 Less than 10%。

④ 点击 Results 显示出影像结果，选择影像点击下载即可。

7.3 研究方法

7.3.1 基本原理

遥感生态指数（RSEI）可以表示为绿度（植被指数）、干度（裸土指数）、湿度（缨帽变换湿度分量）、热度（地表温度）这 4 个指标的函数，即：

$$\text{RESI} = f(\text{Greenness}, \text{Wetness}, \text{Heat}, \text{Dryness}) \tag{7-1}$$

其遥感定义为：

$$\text{RESI} = f(\text{VI}, \text{Wet}, \text{LST}, \text{SI}) \tag{7-2}$$

式中　Greenness——绿度；

　　　Wetness——湿度；

　　　Heat——热度；

Dryness——干度；

VI——植被指数；

Wet——湿度分量；

LST——地表温度；

SI——裸土指数。

7.3.2 指标的选取

(1) 湿度

湿度通过缨帽变换的湿度分量获取，缨帽变换的湿度分量反映了水体和土壤、植被的湿度，与生态环境密切相关。本部分案例采用 Index Database 网站所列公式：

$$Wet = 0.1509[450:520] + 0.1973[520:600] + 0.3279[630:690]$$
$$+ 0.3406[760:900] - 0.7112[1550:1750] - 0.4572[2080:2350]$$

(7-3)

式中，各个系数对应哨兵-2A 的是 2、3、4、8、11、12 各波段的反射率。

说明 1：若研究区中有大面积水域，会使得水的比重加大，所计算的 Wet 不能真正反映植被和土壤的湿度。在这种情况下，必须掩膜掉大面积水体。

说明 2：计算缨帽变换时，要特别注意变换公式的匹配，不同传感器的变换系数都不一样。另外，也不能使用基于 DN 值的公式来计算基于反射率的数据。

(2) 绿度

使用 NDVI 指数表征。

(3) 热度

使用地表温度（LST）表征热度指标。

(4) 干度

干度指标选用的是裸土指数 SI，但在区域环境中还有相当一部分的建筑用地，它们同样造成地表的"干化"，因此干度指标可由二者合成，即由裸土指数 SI 和建筑指数 IBI 合成。

$$NDSI = \frac{SI + IBI}{2}$$

(7-4)

$$SI = \frac{(\rho_{11} + \rho_4) - (\rho_8 + \rho_2)}{(\rho_{11} + \rho_4) + (\rho_8 + \rho_2)}$$

(7-5)

$$IBI = \frac{\dfrac{2\rho_{11}}{\rho_{11} + \rho_8} - \left(\dfrac{\rho_8}{\rho_8 + \rho_4} + \dfrac{\rho_3}{\rho_3 + \rho_{11}}\right)}{\dfrac{2\rho_{11}}{\rho_{11} + \rho_8} + \left(\dfrac{\rho_8}{\rho_8 + \rho_4} + \dfrac{\rho_3}{\rho_3 + \rho_{11}}\right)}$$

(7-6)

式中 ρ_2、ρ_3、ρ_4、ρ_8 和 ρ_{11}——Sentinel-2A 第 2、3、4、8、11 波段的反射率。

7.3.3 综合指数构建

7.3.3.1 步骤 1：指标归一化

由于 4 个指标量纲不统一，需对它们进行正规化，使各指标数值范围统一到 0~1 之间后再进行主成分分析。正规化公式为：

$$\mathrm{NI}_i = \frac{I_i - I_{\min}}{I_{\max} - I_{\min}} \tag{7-7}$$

式中 NI_i——正规化后的某一指标值；

I_i——该指标在像元 i 的值；

$I_{\min}$，$I_{\max}$——该指标的最小值、最大值。

7.3.3.2 步骤 2：主成分分析

主成分分析（principal component analysis，PCA），是考察多个变量间相关性的一种多元统计方法，本部分案例通过主成分变换来进行指标集成，最大优点是集成各指标的权重，不是人为确定，而是根据数据本身的性质、各个指标对各主分量的贡献度来自动客观地确定，从而在计算时可以避免因人而异、因方法而异的权重设定造成的结果偏差（徐涵秋，2013）。

经过正规化后的 4 个指标就可以用于 PCA，为使大的数值代表好的生态条件，可进一步用 1 减去 PC1，获得初始的生态指数 RSEI_0。

$$\mathrm{RESI}_0 = 1 - \{\mathrm{PC1}[f(\mathrm{Wet}, \mathrm{NDVI}, \mathrm{LST}, \mathrm{NDSI})]\} \tag{7-8}$$

7.3.3.3 步骤 3：RSEI 正规化

为了便于指标度量和比较，同样可对 RSEI_0 进行正规化：

$$\mathrm{RESI} = \frac{\mathrm{RESI}_0 - \mathrm{RESI}_{0\_\min}}{\mathrm{RESI}_{0\_\max} - \mathrm{RESI}_{0\_\min}} \tag{7-9}$$

RSEI 即为遥感生态指数，其值介于 0~1 之间，RSEI 值越接近 1，表示生态质量越好；反之则说明生态越差。

7.4 图像预处理

7.4.1 大气校正

研究区需要两景影像才能覆盖，本部分案例应用 Sen2Cor2.8.0 版本的大气校正万能脚本（详见第 4 章相关内容）进行批量大气校正。

7.4.2 重采样与波段合成

哨兵-2 影像 MSI 存在 3 种空间分辨率，无法直接导出为 ENVI 格式，需要预先将其所有波段全部重采样为统一分辨率再进行导出，然后使用 Layer Stacking 进行波段合成。需要注意的是，本部分案例仅使用第 2、3、4、8、11、12 共 6 个波段进行波段合成。具体操作见第 4 章相关内容。

7.4.3 图像镶嵌

将经上述处理的哨兵-2 数据进行图像镶嵌，合成一幅大范围、无缝的研究区影像。具体镶嵌操作和参数设置，见第 6 章中相关内容。

7.4.4 图像裁剪

利用研究区矢量文件，对镶嵌影像"S2A_10m_Mosaic.dat"进行裁剪，得到研究区影像。具体裁剪操作和参数设置，见第 6 章中相关内容。

7.4.5 影像反射率还原及异常值去除

在 SNAP 软件中，影像显示为地表反射率，但在其他软件（如 ENVI）中显示为 16bit 整型数值。所以在 ENVI 中将各波段的 DN 值乘以一个固定系数 0.0001，将其还原为地表反射率。若存在超出 0～1 数值范围的像元，则进行异常值去除。

7.4.5.1 步骤 1：调用 Band Math 工具

在 ENVI 的 Toolbox 工具箱中，双击 Band Algebra—Band Math，打开 Band Math 工具（图 7-6）。

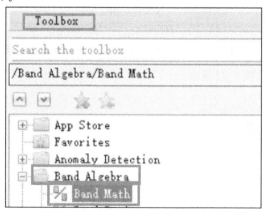

图 7-6 调用 Band Math 工具

7.4.5.2 步骤2：输入表达式

① 在 Band Math 表达式框中输入"b1 * 0.0001"，将其添加到列表中并点击 OK。其中 b1 为哨兵-2 数据裁剪研究区的图像，点击 Map Variable to Input File 便可全选整个图像中的 6 个波段，设置输出路径及文件名（图7-7）。

② 图像生成后右击图像——Quick Stats 查看其统计量（图7-8）。

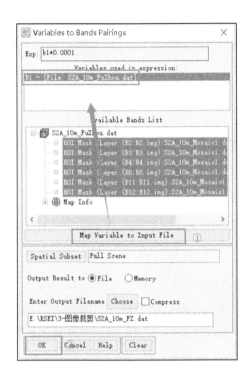

图7-7 Band Math 表达式   图7-8 哨兵-2 数据统计量

7.4.5.3 步骤3：异常值去除

经过定标处理后的数据存在超出范围的像元值，对这些异常值的处理方法主要是将像元值超出 1 的数据值更改为正常范围内最大的数据值，其余值则保持不变。

① 通过 Quick Stats 查看各波段像元数据值，得到 Band 2 波段最接近 1 的数据值为 0.9766，Band 3 波段为 0.9983，Band 4 波段为 0.9997，Band 8 波段为 0.9994，Band 11 波段为 0.9984，Band 12 波段为 0.9966。

② 打开 Band Math，输入公式去除各波段的异常值：

Band2:(b2 gt 1) * 0.9766＋(b2 lt 1) * b2；

Band3:(b3 gt 1) * 0.9983＋(b3 lt 1) * b3；

Band4:(b4 gt 1) * 0.9997＋(b4 lt 1) * b4；

Band8:(b8 gt 1) * 0.9994＋(b8 lt 1) * b8;

Band11:(b11 gt 1) * 0.9984＋(b11 lt 1) * b11;

Band12:(b12 gt 1) * 0.9966＋(b12 lt 1) * b12

③ 利用 Layer Stacking，将去除异常值后的各波段进行合成，查看其像元值范围如图 7-9 所示。

Basic Stats	Min	Max	Mean	StdDev
Band 1	0.000000	0.976600	0.016755	0.033721
Band 2	0.000000	0.998300	0.023297	0.043459
Band 3	0.000000	0.999700	0.023218	0.047045
Band 4	0.000000	0.999900	0.062157	0.099206
Band 5	0.000000	0.998400	0.047626	0.078458
Band 6	0.000000	0.996600	0.032764	0.059472

图 7-9　异常值去除

7.5　生态因子计算

7.5.1　湿度因子

① 在 ENVI 的 Band Math 中输入湿度指数的公式：float(0.1509 * b2＋0.1973 * b3＋0.3279 * b4＋0.3406 * b8－0.7112 * b11－0.4572 * b12)，其中 b2、b3、b4、b8、b11、b12 对应哨兵-2 数据的波段 2、3、4、8、11 和 12，设置输出路径及文件名（图 7-10）。

② 点击 OK 后，ENVI 自动运行并生成相应的湿度影像。

7.5.2　绿度因子

① 在 ENVI 的 Band Math 中输入绿度指数的公式：float(b8－b4)/float(b8＋b4)，其中 b4 和 b8 对应为哨兵-2 数据的波段 4 和波段 8，设置输出路径及文件名（图 7-11）。

② 点击 OK 后，ENVI 自动运行并生成相应的绿度影像。

7.5.3　干度因子

7.5.3.1　步骤 1： Band Math 计算 SI 指数

干度指标由裸土指数 SI 和建筑指数 IBI 合成。

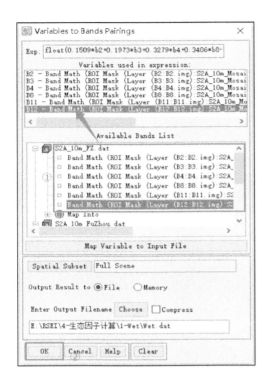
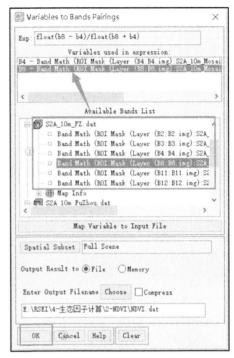

图 7-10　湿度指标表达式　　　图 7-11　绿度指标表达式

① 在 ENVI 的 Band Math 中输入 SI 指数的公式：float((b11+b4)-(b8-b2))/float((b11+b4)+(b8+b2))，其中 b2、b4、b8 和 b11 对应为哨兵-2 数据的波段 2、4、8 和 11，设置输出路径及文件名（图 7-12）。

② 点击 OK 后，ENVI 自动运行并生成相应的 SI 指数影像。

7.5.3.2　步骤 2：Band Math 计算 IBI 指数

① 在 ENVI 的 Band Math 中输入 IBI 指数的公式：float(2*b11/(b11+b8)-[b8/(b8+b4)+b3/(b3+b11)])/(2*b11/(b11+b8)+[b8/(b8+b4)+b3/(b3+b11)])，其中 b3、b4、b8 和 b11 对应为哨兵-2 数据的波段 3、4、8 和 11，设置输出路径及文件名（图 7-13）。

② 点击 OK 后，ENVI 自动运行并生成相应的 IBI 指数影像。

7.5.3.3　步骤 3：Band Math 计算 NDSI 指数

① 在 ENVI 的 Band Math 中输入 NDSI 指数的公式：float((b1+b2)/2)，其中 b1 和 b2 对应为 SI 和 IBI 图像，设置输出路径及文件名（图 7-14）。

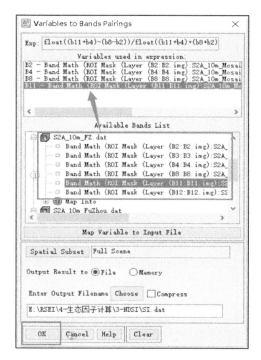

图 7-12 SI 指标表达式

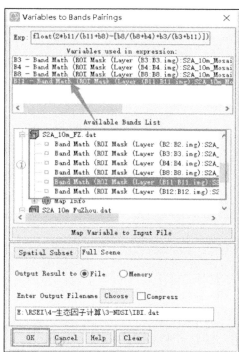

图 7-13 IBI 指数表达式

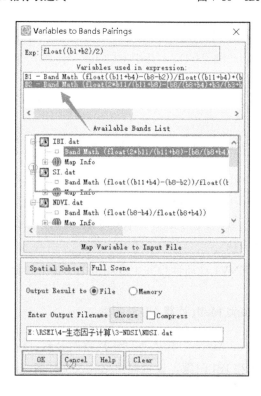

图 7-14 NDSI 指数表达式

② 点击 OK 后，ENVI 自动运行并生成相应的 NDSI 指数影像。

7.5.4 热度因子

7.5.4.1 步骤 1：地表温度计算

由于哨兵-2A 数据没有热红外波段，选用成像时间为 2021 年 01 月 30 日的 Landsat 8 影像的热红外波段来计算温度。

地表温度反演采用的是 ENVI App Store 的 "Landsat 8 TIRS 地表温度反演 V5.3" 插件。具体操作过程和参数设置，参见第 6 章中相关内容。

7.5.4.2 步骤 2：地表温度重采样与研究区裁剪

将 Landsat 8 反演得到的地表温度影像结果重采样到 10m 以匹配 Sentinel-2A 影像。

(1) Landsat 8 重采样

在 ENVI 的 Toolbox 工具箱中，双击 Raster Management/ Resize Data，打开重采样工具进行 Landsat 8 重采样（图 7-15）。

图 7-15 重采样工具

(2) Resize Data 面板中设置参数

1) Resize Data Input File 中输入 Landsat 8 反演的地表温度 "Lc8_LST.dat"；

2) Resize Data Parameters 面板中设置以下参数：

① 点击 Set Output Dims by Pixel Size，设置 Output X Pixel Size 和 Output Y Pixel Size 为 10Meters；

② Resampling 设置为 Cubic Convolution；

③ 设置输出路径和文件名。

重采样参数设置如图 7-16 所示。

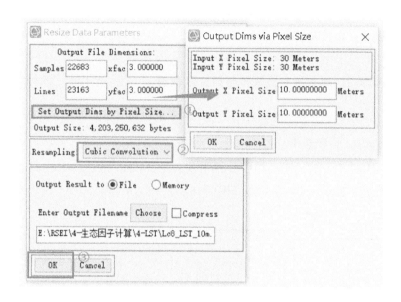

图 7-16　重采样参数设置

（3）获得研究区 10m 分辨率地表温度图

点击 OK 后，重采样工具运行，将 30m 的温度结果重采样到 10m 的图像。最后利用研究区的矢量文件进行裁剪，获得研究区 10m 分辨率地表温度图。

7.6　RSEI 构建

7.6.1　生态因子归一化

7.6.1.1　步骤 1：统计各个指标统计量

由于图像中不可避免地存在着噪声，本次实验使用 2% 的标准来确定置信区间，即像元累计 2% 作为最小值，累计 98% 作为最大值。

以 Wet 指标为例，选择 2% 为置信区间，统计其最大值、最小值。右击 Wet 生态因子影像——Quick Stats，查看其在 2% 和 98% 的最小值和最大值，其中 2% 和 98% 为累积百分比（acc pct）（图 7-17）。

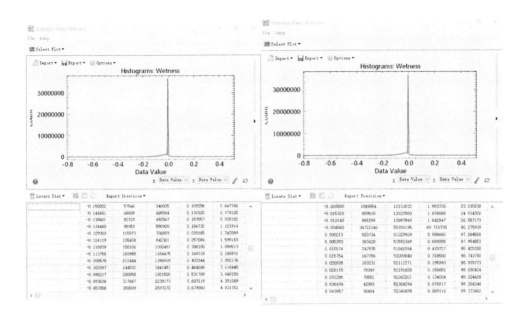

图 7-17 湿度指标正规化数值选取

其他指标类似操作，不再赘述，最后进行统计，见表 7-1。

表 7-1　4 个指标归一化数值统计

最值	湿度 Wet	植被指数 NDVI	建筑裸土指数 NDBSI	地表热度 LST
最小值（Minimum）	−0.114	−0.276	−0.286	4.630
最大值（Maximum）	0.005	0.817	0.298	20.751

7.6.1.2　步骤 2：调用 Band Math 归一化

利用 Band Math 进行归一化操作，4 个指标表达式见表 7-2。

表 7-2　4 个指标归一化表达式

生态因子	Band Math 表达式
Wet	(b1 lt −0.114) * 0+(b1 ge −0.114 and b1 le 0.005) * (b1+0.114)/(0.005+0.114)+(b1 gt 0.005) * 1
NDVI	(b1 lt −0.276) * 0+(b1 ge −0.276 and b1 le 0.817) * (b1+0.276)/(0.817+0.276)+(b1 gt 0.817) * 1
NDSI	(b1 lt −0.286) * 0+(b1 ge −0.286 and b1 le 0.298) * (b1+0.286)/(0.298+0.286)+(b1 gt 0.298) * 1
LST	(b1 lt 4.63) * 0+(b1 ge 4.63 and b1 le 20.751) * (b1− 4.63)/(20.751−4.63)+(b1 gt 20.751) * 1

7.6.1.3 步骤3：生态因子合成多波段数据

归一化后，利用 Layer Stacking 功能，将 4 个生态因子（Wet、NDVI、NDSI、LST）进行波段合成。

7.6.2 主成分分析

对上述步骤中波段合成结果，进行主成分分析，得到 PC1，其值大小与生态质量优劣直接相关。

7.6.2.1 步骤1： NaN 插件安装

① 经裁剪后的影像，背景存在"NaN"，进行主成分分析时会出现"ENVI Error"（图 7-18）。为了解决这个问题，需要安装 App Store 中"波段运算中进行 NaN 处理 V5.3"的插件（图 7-19）。

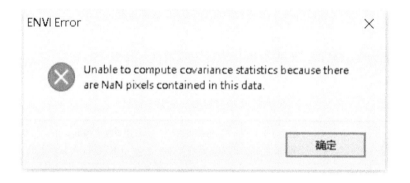

图 7-18　发生"NaN"错误

图 7-19　安装处理"NaN"扩展工具

说明：处理"NaN"的扩展工具安装完成后没有被安装在 ENVI 的"Extensions"中，而是被安装在 Toolbox—Band Algebra—Band Math 中，通过波段运算调用公式。

② 安装插件后，通过表 7-3 中所列操作，可以修改影像中的 NaN。

表 7-3 NaN 工具调用公式

函数名	功能	波段运算调用公式
NaN2Zero	修改 NaN 为 0 值	NaN2Zero(b1)
Zero2NaN	修改 0 值为 NaN	Zero2NaN(b1)
DN2NaN	修改指定值为 NaN	DN2NaN(b1,DN)
NaN2DN	修改 NaN 为指定值	NaN2DN(b1,DN)

7.6.2.2 步骤 2：修改 NaN 为 0 值

点击 ENVI 的 Toolbox 工具箱—Band Algebra—Band Math，将图像中的"NaN"修改为 0 值，其表达式为：NaN2zero（b1）（图 7-20）。

图 7-20 NaN 修改公式

7.6.2.3 步骤 3：主成分分析工具（PCA）

在 ENVI 软件中的 Toolbox 工具箱 Transform—PCA Rotation—Forward PCA Rotation New Statistics and Rotate，打开主成分分析工具（图 7-21）。

1) 在 Principal Components Input File 中输入去除"NaN"后的图像；

2) 在 Mask Options 中选择 Build Mask，将研究区矢量文件导入并生成 Mask，点击 OK，此时 Select Mask Band 会生成掩膜（图 7-22）。

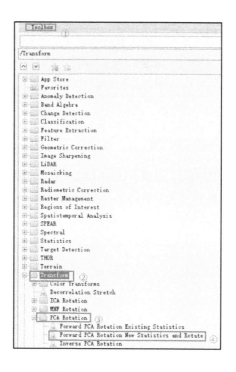

图 7-21　调用 PCA 工具

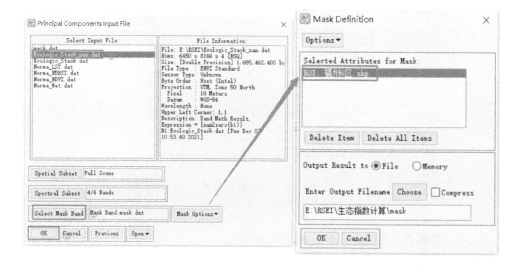

图 7-22　PCA 生成掩膜

3) 在 Forward PC Parameters 面板中输入以下参数（图 7-23）：

① 在 Stats X/Y Resize Factor 文本框中输入小于等于 1 的调整系数，用于计算统计值时的数据二次采样，本部分案例选择默认值 1；

② 设置输出统计路径及文件名；

③ 选择 Covariance Matrix（协方差矩阵）计算主成分波段，Output Mask Value 为 0；

④ 设置输出路径及文件名；

⑤ Output Data Type 为 Floating Ponit；

⑥ Select Subset from Eigenvalues 为 Yes，统计信息将被计算，并出现 Select Output PC Bands 对话框，列出每个波段及其相应的特征值；同时，也列出每个主成分波段中包含数据方差的累积百分比。

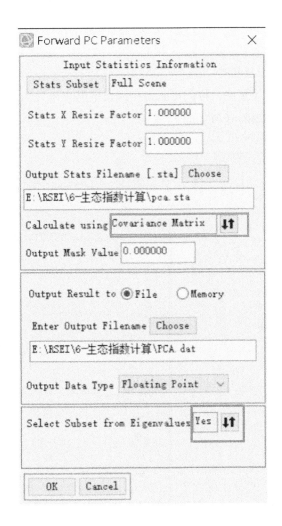

图 7-23　PCA 工具参数设置

4）点击 OK 后，ENVI 会自动运行主成分分析，并出现 Select Output PC Bands 对话框，列出每个波段及其相应的特征值以及累积百分比和 PC Eigenvalues 绘图窗口，可以看到第一、二、三分量具有很大的特征值（图 7-24）。

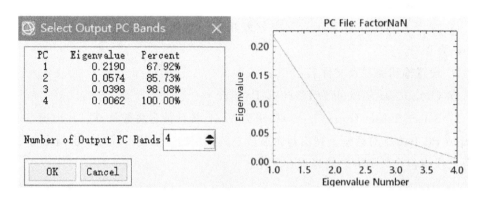

图 7-24　主成分累积贡献率

5）在 Toolbox 工具箱中，双击 Statistics—View Statistics File 工具，打开主成分分析中得到的统计文件，可以得到各个波段的基本统计值、协方差矩阵、相关系数矩阵和特征向量矩阵（图 7-25）。

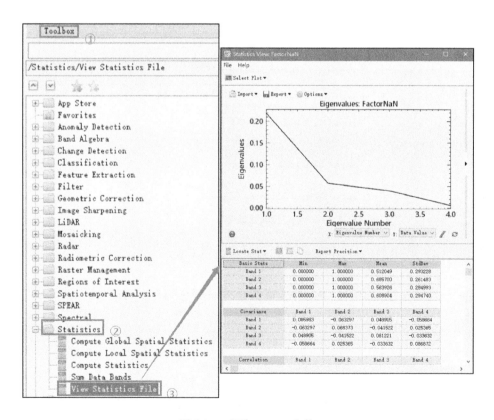

图 7-25　查看 pca.sta 文件

7.6.3 生态指数

7.6.3.1 步骤1：初始生态指数

第一主成分 PC1 数值的大小与生态环境的优劣相对应，为使 PC1 大的数值代表好的生态条件，使用 1－PC1 的方式获得初始 $RSEI_0$。利用 Band Math 输入公式：1－b1 来实现。

7.6.3.2 步骤2：$RSEI_0$ 正规化

为了便于指标度量和比较，可对 $RSEI_0$ 进行正规化，生成 RSEI（即遥感生态指数），其值介于 0～1 之间，RSEI 值越接近 1，表示生态质量越好；反之则说明生态越差。

① 右击 $RSEI_0$ 影像——Quick Stats，查看其最大值与最小值（图 7-26）。

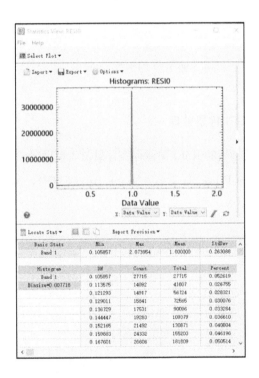

图 7-26　$RSEI_0$ 统计量

② 由图 7-26 可知 $RSEI_0$ 影像的最小值为 0.105857，最大值为 2.073954，根据 $RSEI_0$ 正规化的公式，在 ENVI 的 Band Math 工具中输入：float((b1－0.105857)/(2.073954－0.105857))（图 7-27）。

③ 点击 OK 后生成 RSEI 图像。

图 7-27 RSEI$_0$ 正规化

7.6.3.3 步骤 3： RSEI 背景处理

将 RSEI$_0$ 正规化后得到的 RSEI 图像存在背景值，借助研究区的掩膜去除背景值。

1) ENVI 的主界面 File—Save As—Save As（ENVI，NITF，TIFF，DTED）（图 7-28）。

图 7-28 Save As 路径

2）在 File Selection 面板中输入以下参数（图 7-29）：

① Select Input File 为 RSEI.dat；

② 在 File Information 下的 Mask 选为研究区建立的掩膜；

③ 设置输出路径及文件名。

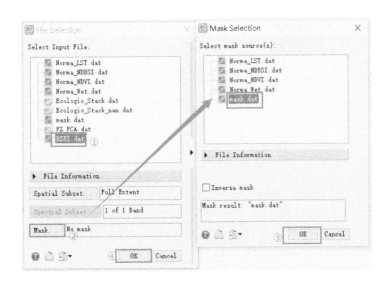

图 7-29　生成掩膜

3）点击 OK 后生成掩膜后的 RSEI 指数图像。

说明 1：预处理必须要做大气校正，因为植被指数对大气很敏感。

说明 2：要将影像的 DN 值转换为反射率，不提倡用原始 DN 值来计算。

说明 3：由于 RSEI 的构建需要用到热红外影像，因此 RSEI 主要适用于中尺度制图。

7.6.3.4　步骤 4：ArcMap 制作研究区生态专题图

① 将去除背景值得到的 RSEI 图像导入 ArcMap 中，右击 Properties—Symbology—Classified，此时 ArcMap 弹出错误对话框，显示需要运行统计生成直方图（图 7-30）。

② 打开 ArcMap 的 ArcToolbox 工具箱—Data Management Tools—Raster—Raster Properties—Calculate Statistics，在其界面中输入去除背景值得 RSEI 图像，点击 OK 即可（图 7-31）。

③ 将 RSEI 的生态指数以 0.2 为间隔分成优（0.8～1）、良（0.6～0.8）、中等（0.4～0.6）、较差（0.2～0.4）和差（0～0.2）5 级，添加比例尺、图例、指北针和标题。

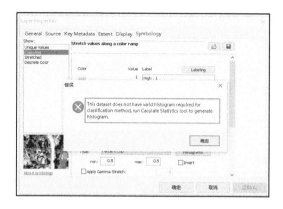

图 7-30　分类出现错误

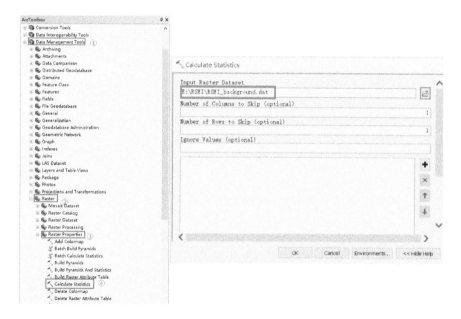

图 7-31　计算统计值

7.7　索引

7.7.1　本章各案例涉及的软件技巧和知识点

ENVI 软件操作	章节部分
重采样——Resize Data	7.5.4.2
NaN 插件工具的安装和使用	7.6.2.1
主成分分析——PCA Rotation	7.6.2.3
利用掩膜去除背景值——Mask	7.6.3.3

续表

ArcGIS 软件操作	章节部分
通过计算统计值对栅格数据进行拉伸和符号化操作——Calculate Statistics	7.6.3.4
知识点	章节部分
Sentinel-2 及 Landsat 8 数据多来源下载	7.2.1
遥感生态指数 RESI 原理及构建	7.3.1
像元值数据异常值去除	7.4.5

7.7.2 本章各案例涉及的影像数据和过程数据索引

[1] 7.4.1 中案例——哨兵-2-L1C 级案例影像

[2] 7.4.1 中案例——哨兵-2-L2A 级大气校正案例影像

[3] 7.4.2 中案例——哨兵-2 重采样及波段合成数据

[4] 7.4.3 中案例——哨兵-2 图像镶嵌数据及矢量范围

[5] 7.4.4 中案例——哨兵-2 图像裁剪数据

[6] 7.4.5 中案例——哨兵-2 图像定标数据

[7] 7.5.4 中案例——Landsat 8 OLI/TIRS C1 Level-1 案例影像

[8] 7.5 中案例——生态因子计算数据

[9] 7.6.1 中案例——生态因子归一化及合成数据

[10] 7.6.2 中案例——主成分分析数据

7.7.3 本章各案例涉及的软件、插件和脚本索引

7.6.2 中案例——Envi_NaN V5.3.zip

第 8 章

基于 LUCC 的水土流失区碳排放时空演变及预测

土地利用/土地覆盖变化（land-use and land-cover change，LUCC）是仅次于化石能源燃烧的第二大温室气体排放源（Houghton，1999），水土流失地区显著的 LUCC 同时影响着区域碳排放和水土流失治理工作效果。在国家"双碳"政策背景和 LUCC 视角下，研究水土流失区的碳排放有助于有针对性地定制低碳减排导向的土地利用优化政策，对水土流失区等生态脆弱区域的生态保护和可持续发展具有重要的指导意义。

8.1 研究区概况与数据源

8.1.1 研究区概况

研究区地处武夷山南麓，地形比较复杂，以低山丘陵为主，是典型的"八山一水一分田"山区县，曾是我国南方红壤区水土流失最为严重的县域之一（翁伯琦等，2014）。该地区属亚热带季风湿润性气候，年均降水量在 1700mm 左右，年均气温 18.3℃左右，夏季高温多雨，冬季温暖湿润。

8.1.2 数据源

本章案例的主要原始数据包括遥感影像数据和能源消费数据等。遥感影像数据包括 Landsat 5 TM 数据和 Landsat 8 OLI 数据，年份分别为 1987 年、1991 年、2000 年、2010 年和 2021 年，这些数据来源于 USGS 官方网站。能源消费数据来源于县人民政府发布的《统计年鉴》。矢量数据来源于阿里云数据可视化平台 https://datav.aliyun.com/portal/school/atlas/area_selector。

8.2　主要研究内容与技术路线

本章案例探究研究区的土地利用变化，并在此基础上分析碳排放的时空变化。主要技术路线如图 8-1 所示。

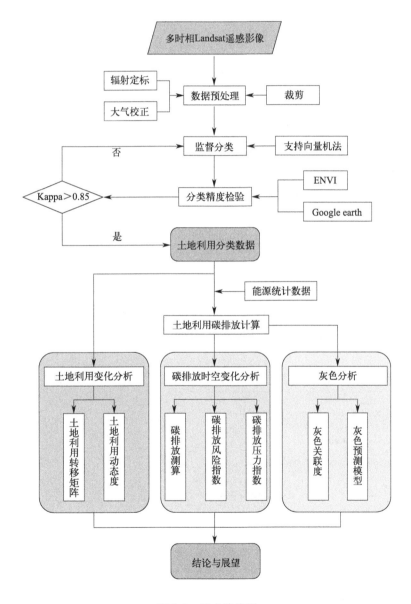

图 8-1　技术路线图

8.3 数据预处理

数据预处理包括辐射定标、大气校正、影像裁剪等。本章案例所用的数据均是 USGS 在 2022 年新发布的 Landsat Collection 2 Level-1 产品，该数据采用了新的地面控制点版本，比起 Collection 1 Level-1 的数据，几何校正的精度有很大的提高。因此，本章案例不再重复进行几何校正。

下面以 2021 年 3 月 8 日的影像为例，介绍研究区影像的准备流程。

8.3.1 辐射定标

使用 ENVI 的 Radiometric Calibration 功能进行辐射定标，具体操作和参数设置参见第 6 章中相关内容。

> 说明：辐射定标时若出现 radiometric calibration failed OBJREF null object 错误类型，可以尝试以下两种解决方案：
> ① 首先排除文件路径中的中文字符，排除后重新尝试；
> ② 在完成方案 1 的基础上仍出现该问题，尝试将输出路径设置到原数据所在文件夹。

8.3.2 大气校正

使用 ENVI 的 FLAASH Atmospheric Correction 功能进行大气校正，具体操作参见第 6 章中相关内容。具体参数设置见图 8-2。

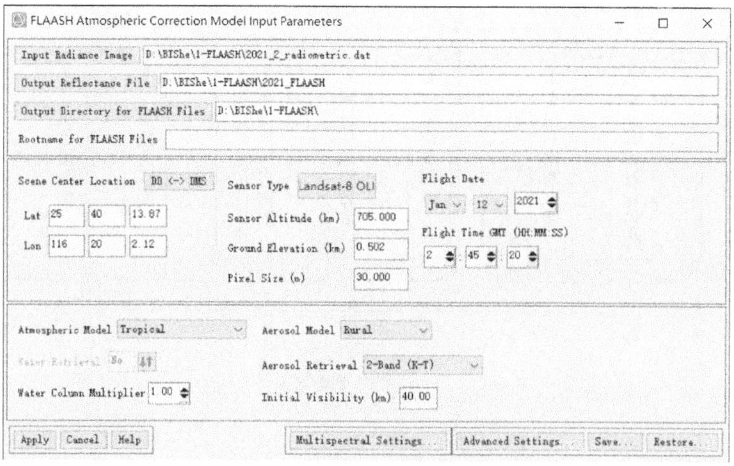

图 8-2 设置 FLAASH 面板

8.3.3 影像裁剪

使用研究区矢量图层对大气校正后的影像进行裁剪，使用 ENVI 的 Subset Data from ROIs 功能，具体操作和参数设置参见第 6 章中相关内容。输出文件设置如图 8-3 所示。

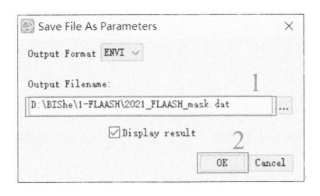

图 8-3　输出文件

8.4　监督分类

本节案例使用 ENVI 的支持向量机分类器（support vector machine，SVM）对影像进行土地利用监督分类，下面介绍影像监督分类处理的主要步骤。

8.4.1　定义训练样本

8.4.1.1　步骤 1：打开 ROI Tool 对话框

在图层管理器（Layer Manager）中选中裁剪后的大气校正图像，右击选择 New Region of Interest，打开 ROI Tool 对话框。如图 8-4 所示。

8.4.1.2　步骤 2：创建感兴趣区

本节案例确定将地物样本定义为林地、草地、耕地、建筑用地、水域和未利用地 6 类。下列以林地为例介绍整个操作步骤。在 ROI Name 中填入"林地"，回车确认样本名称；在 ROI Color 对话框中单击右键选择一种颜色，这里林地用绿色。在 Geometry 选项中选择多边形类型按钮，在图像窗口中目视确定林地区域，点击鼠标左键绘制感兴趣区。如图 8-5 所示。

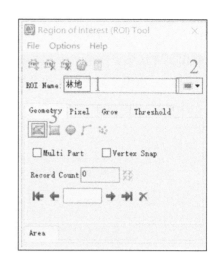

图 8-4　打开 ROI Tool 对话框　　　　图 8-5　创建感兴趣区

在 ROI Color 对话框中，单击  按钮，新建训练样本种类，重复 8.4.1.2 部分步骤 2。绘制所有感兴趣区。

> 说明 1：在建立感兴趣区时点击鼠标右键会出现以下菜单：
> Complete and Accept Polygon：结束一个多边形绘制类似双击鼠标左键。
> Complete Ploygon：确认感兴趣区绘制，还可以用鼠标移动位置或者编辑节点。
> Clear Ploygon：放弃当前绘制的多边形。
> 说明 2：在绘制过程中，可以按着鼠标滚轮实现图像平移，鼠标滚轮实现放大和缩小。
> 说明 3：改变 RGB 的组合方式，可在图层管理器（Layer Manager）中右键选择 "Change RGB Bands"，通过改变 RGB 组合可以凸显不同地物特征，方便目视解译。

8.4.1.3　步骤 3：评价训练样本

在 ROI Color 对话框中，依次点击 Options—Compute ROI Separability，在文件选择对话框中输入 TM 图像文件，单击 OK。在 ROI Separability Calculation 对话框中，单击 Select All Items 按钮，选择所有 ROI，如图 8-6 所示。

单击 OK，进行可分离性计算。结果如图 8-7 所示。

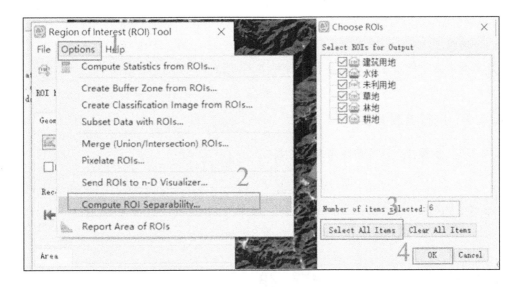

图 8-6　计算分离度

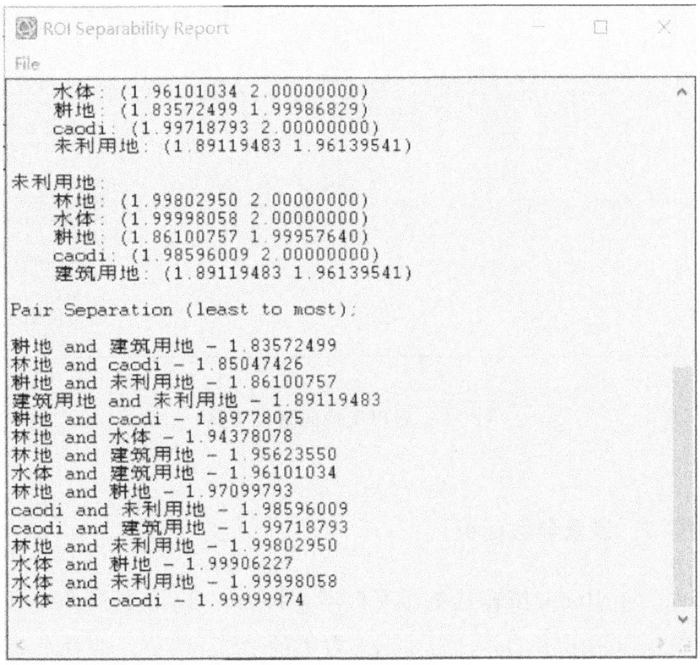

图 8-7　分离度结果

> 说明 1：根据可分离性值的大小可以判断样本之间的可分离性，参数值在 0~2.0 之间，大于 1.9 说明样本之间可分离性好，属于合格样本；小于 1.8 需要重新选择样本；小于 1 需要考虑将两类样本合成一类样本。

说明 2：点击 File—Export 可以将感兴趣区输出为 ENVI Classic 感兴趣格式（.roi）。

说明 3：为后续处理需要，每一幅影像需要准备两份训练样本，一份用于图像分类，另一份用于精度检验；两份样本不可相同。

8.4.2 执行监督分类

8.4.2.1 步骤 1：启用支持向量机工具

在 Toolbox 工具箱中，依次点击 Classification—Supervised Classification—Support Vector Machine Classification，选择 TM 图像，点击 OK 进入 Support Vector Machine Classification 面板，如图 8-8 所示。

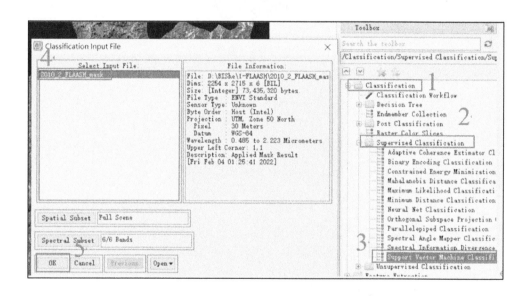

图 8-8　启用支持向量机工具

8.4.2.2 步骤 2：设置参数面板

单击 Select All Items 按钮选中所有样本，Kernel Type 选择 Polynomial，其他默认。点击 Enter Output Class Filename 右边的"Choose"，选择分类结果的输出路径和文件名，设置 Output Rule Images 为"Yes"，点击 Enter Output Rule Filename 右边的"Choose"，选择规则图像输出路径及文件名，如图 8-9 所示。

8.4.2.3 步骤 3：执行分类

点击 OK，执行监督分类，结果如图 8-10 所示（书后另见彩图）。

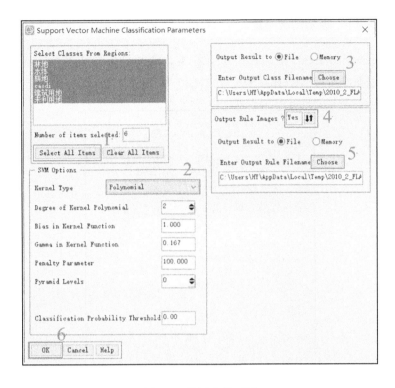

图 8-9　设置参数面板

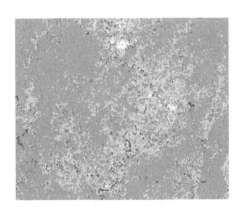

图 8-10　监督分类初始效果示意

8.4.3　分类后处理

8.4.3.1　步骤 1：启用主要分析工具

在 Toolbox 工具箱中，依次点击 Classification—Post Classification—Majority/Minority Analysis，选择上述得到的分类图像，打开 Majority/Minority Parameters 面板。

8.4.3.2 步骤2：设置面板参数

单击 Select All Items 按钮选中所有样本，选择分析方法（Analysis Method）Majority，选择变换核（Kernel Size）：3×3。如图 8-11 所示。

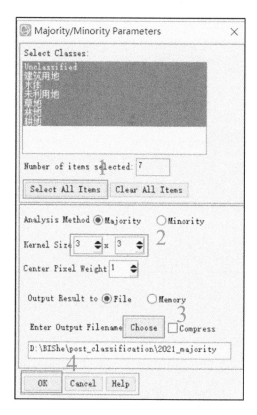

图 8-11　设置面板

选择输出路径和文件名，单击 OK 按钮，执行 Majority/Minority Analysis。分类后处理图像如图 8-12 所示（书后另见彩图）。

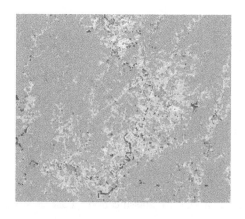

图 8-12　分类后处理效果示意

8.5 土地利用变化分析

8.5.1 土地利用变化矩阵

8.5.1.1 步骤1：打开文件

通过上述监督分类得到5个年份的土地利用数据，点击ENVI的File—Open打开2021年和1987年的监督分类图像。

8.5.1.2 步骤2：选择文件

在Toolbox工具箱中，双击Change Detection—Change Detection Statistics工具，在Select "Initial State" Image文件对话框中选择1987年的图像，单击OK；在Select "Final State" Image文件对话框中选择2021年的图像，单击OK按钮。

8.5.1.3 步骤3：生成矩阵

在Define Equivalent Classes对话框中，各类样本会自动对应，若不能自动对应，先在Select Initial State Class中选择样本类别；然后在Select Finial State Class中选择对应样本，点击Add Pair添加到Paired classes中，全部对应完成后点击OK，打开Change Detection Statistics Output面板。

在Change Detection Statistics Output面板框中，Report Type中勾选Pixels、Percent、Area，在Output Classification Mask Images?右边选择Yes，设置输出的掩膜文件名，如图8-13所示，单击OK生成矩阵。

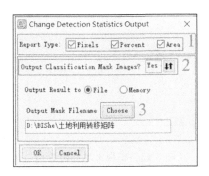

图8-13 生成矩阵

8.5.1.4 步骤4：存储文件

在跳出的面板中，点击File—Save to Text File，设置输出土地利用矩阵的路径和名称，点击 OK。如图 8-14 所示。

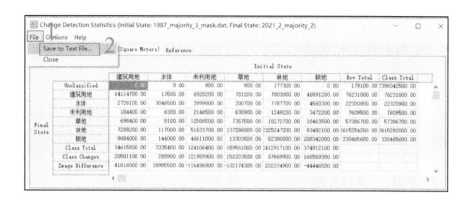

图 8-14　存储文件

8.5.2　土地利用动态度

8.5.2.1　步骤 1：整理土地利用数据

在 ENVI 的 Layer Manager 中选中一幅监督分类后的影像，这里以 2021 年的影像为准。右键点击 Quick Stats，将各个土地类型的像元数整理到 Excel 中。

表格中的 Count 表示像元数，如图 8-15 所示。

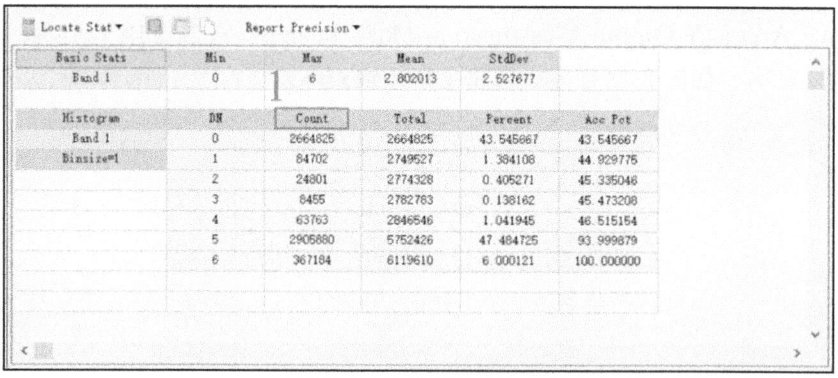

图 8-15　整理土地利用数据

8.5.2.2　步骤 2：计算土地利用动态度

重复上述步骤 1 等到各个年份土地利用类型的像元数，根据像元大小计算土地利用类型面积，这里所用影像的像元数的大小都是 30m×30m，计算得到各个年份的土地利用面积。然后根据公式，利用 Excel 计算得到土地利用动态度，如表 8-1

所列。公式如下：

$$K=\frac{U_b-U_a}{U_a T}\times 100\%$$ (8-1)

式中 K——土地利用动态度；

U_a——某一用地类型在初期时的面积；

U_b——某一用地类型在末期时的面积；

T——研究年数。

表 8-1 土地利用动态度 单位：%

类型	1987~1991 年	1991~2000 年	2000~2010 年	2010~2021 年	1987~2021 年
水体	4.34	2.10	0.11	1.53	16.74
建筑用地	1.57	0.16	0.28	0.71	3.54
林地	−0.15	0.29	0.16	−0.04	0.25
耕地	−0.55	1.24	−0.88	0.26	−0.35
草地	−2.04	1.76	−1.67	2.06	−1.88
水利用地	6.70	−2.81	4.46	−2.46	−2.76

8.6 碳排放时空变化分析

8.6.1 碳排放测算

8.6.1.1 步骤 1：直接碳排放测算

对于耕地、草地、林地、水域和未利用地主要采用直接碳排放测算法。先将不同类别土地利用面积与相对应的碳排放系数相乘，算出不同地类的碳排放及碳吸收，再将其累加。计算公式如下：

$$E=\sum e_i=\sum S_i \delta_i$$ (8-2)

式中 E——碳排放总量；

e_i——第 i 种用地碳排放量；

S_i——第 i 种地类的面积；

δ_i——第 i 种用地碳排放系数，$t/(hm^2 \cdot a)$，数值为正即为碳排放，反之为碳吸收。

耕地的碳排放系数为 $0.422t/(hm^2 \cdot a)$（孙贤斌，2012），林地碳排放系数确定为 $-58.1t/(hm^2 \cdot a)$，草地碳排放系数为 $-0.021t/(hm^2 \cdot a)$（方精云 等，2007）；水域和未利用地碳排放系数为 $0.253t/(hm^2 \cdot a)$、$-0.005t/(hm^2 \cdot a)$（石洪昕 等，2012）。

8.6.1.2 步骤2：间接碳排放测算

建设用地采用间接碳排放测算，计算公式如下：

$$E_t = \delta_f E_f \tag{8-3}$$

式中 E_t——碳排放量；

E_f——能源消耗总量（以2010年数据为准）；

δ_f——标准煤碳排放系数，取0.733 t C / t（孙贤斌，2012）。

2010年研究区能源消耗总量为82898t标准煤，计算可得其碳排放总量为60764.234t，用该值除以研究区2010年建设用地面积6136.83hm²，得到研究区建设用地碳排放系数为9.983t/(hm²·a)。

8.6.2 碳排放风险指数

在Excel中，利用下列公式计算碳排放风险指数（严慈 等，2021）：

$$C_{RI} = \sum_{i=1}^{6} \frac{S_i K_i}{S} \tag{8-4}$$

式中 C_{RI}——土地利用碳排放风险指数；

S_i——第i类用地面积；

K_i——第i类用地碳排放系数；

S——区域总面积。

8.6.3 碳排放压力指数

在Excel中，利用区域土地利用总碳源除以区域土地利用总碳汇得到碳排放压力指数（景勇 等，2021），公式如下：

$$C_k = \frac{C_r}{C_n} \tag{8-5}$$

式中 C_k——碳足迹压力指数；

C_r——区域土地利用总碳源；

C_n——区域土地利用总碳汇。

8.7 灰色分析

8.7.1 灰色关联度

8.7.1.1 步骤1：数据整理

将各年份土地利用面积数据和碳汇数据整理到一个表格，如表8-2所列。

表 8-2 灰色关联度分析数据

年份	水体	建筑用地	林地	耕地	草地	未利用地	碳汇
1987	3335400	34615800	2412917100	374912100	159561000	124106400	194176800
1991	8260200	53136900	2288072700	304255800	48906900	406815300	102043800
2000	14150700	55988100	2510071200	432586800	78182100	18405900	134170200
2010	14697900	61368300	2649549600	303681600	33762600	46342800	95130900
2021	22320900	76231800	2615292000	330465600	57386700	7609500	133618500

8.7.1.2 步骤 2：登录 SPSSpro 在线数据分析平台

打开 SPSSpro 在线数据分析平台，登录账号。

8.7.1.3 步骤 3：上传数据

点击界面上部菜单条的"我的数据"，点击界面右上角的"上传数据"，将各年份土地利用面积数据和碳汇数据上传到平台。

8.7.1.4 步骤 4：计算关联度

点击"数据分析"，选中"灰色关联分析"数据，依次点击"选择算法"—"综合评价"—"灰色关联分析"，将林地、草地、耕地、建设用地、水体和未利用地 6 个变量拖入"特征序列变量"，将碳汇拖入母序列变量，无量纲处理方式选择均值化，分辨系数选 0.5，如图 8-16 所示，点击开始分析，得到灰色关联系数。

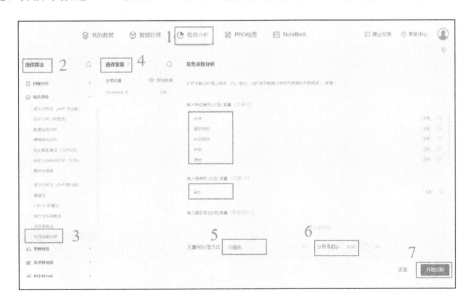

图 8-16 计算关联度

8.7.2 灰色预测模型

8.7.2.1 步骤1：上传数据

将各个年份的总碳源数据整理在一个列表里，如表8-3所列。

表8-3　灰色预测模型

年份	碳源
1991	65886162.03
2000	74148083.19
2010	74079337.41
2021	90047854.26

点击界面上部菜单条的"我的数据"，点击界面右上角的"上传数据"，将该数据上传到平台。

8.7.2.2 步骤2：灰色预测

点击"数据分析"，选中碳源数据，依次点击"选择算法"—"预测模型"—"灰色预测模型GM(1,1)"，将碳源变量拖入"时间序列数据［定量］变量Y"，将年份"放入时间项［定类］变量"，向后预测单位填2，点击开始分析，如图8-17所示，得到2030年和2040年的碳源预测数据，如图8-18所示。

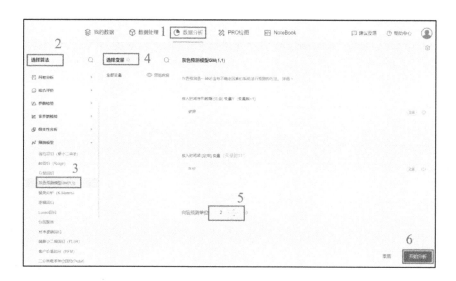

图8-17　灰色预测

第 8 章 基于 LUCC 的水土流失区碳排放时空演变及预测

模型预测值表格

序号	原始值	预测值
1	65886162.030	65886162.030
2	74148083.190	71270807.061
3	74079337.410	79039339.049
4	90047854.260	87654642.551
向后1期	—	97209015.829
向后2期	—	107804817.673

图 8-18　预测值

8.8　制图

8.8.1　专题图制作

8.8.1.1　步骤 1：打开文件

专题图的制作使用 ArcGIS 软件完成，以土地利用现状图为例。点击目录下的图标，将存储影像图和乡镇矢量数据的文件夹链接到目录中，在目录下点击文件夹选择图像和乡镇矢量数据打开，点击显示界面的左下角的布局视图图标，进入制图界面，如图 8-19 所示。

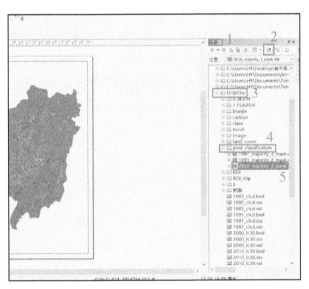

图 8-19　打开文件

8.8.1.2　步骤 2：图层设置

在图层界面，选中乡镇矢量文件，点击右键打开"图层属性"，点击"标注"，选中"标注此图层中的要素（L）"，标注字段选择乡镇名，设置字体和字号，点击 OK，如图 8-20 所示。

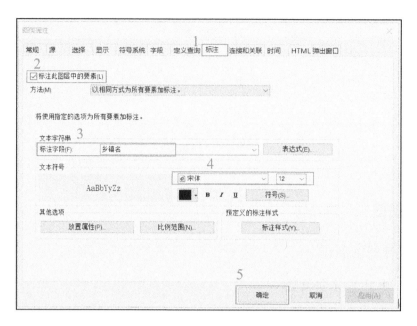

图 8-20　图层设置

8.8.1.3　步骤 3：制图设置

点击插入—文本，输入图像日期；点击插入—图例，根据图例导向完成图例设置，双击"图例"，进入"图例属性"界面，点击"项目"，在字体中选择"应用至全部标注"，设置合适的字体和字号，如图 8-21 所示；点击插入—指北针，选择合适的指北针插入；点击插入—比例尺，选择比例尺样式插入，双击比例尺，设置比例尺的主刻度数和分刻度数以及单位和标注，点击确认，如图 8-22 所示。

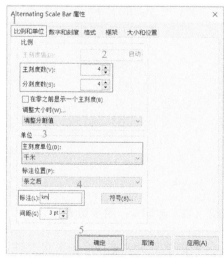

图 8-21　图例设置　　　　　　　图 8-22　比例尺设置

8.8.1.4 步骤 4：导出数据

点击文件—导出地图，选择输出路径和文件名，如图 8-23 所示。

图 8-23　导出专题图页面示意

8.8.2　折线图制作

在 Excel 中选中碳排放风险指数数据，点击插入折线图，以年份为横坐标，碳

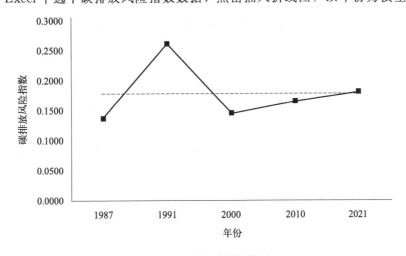

图 8-24　排放风险指数图

排放风险指数为纵坐标，点击图表工具—添加元素，添加横坐标和纵坐标的名称，选中折线图中的文字，在开始界面设置字体和字号，选中折线图设置折线样式，生成的折线图如图8-24所示，碳排放压力指数也用同样的方式制作。

8.9 索引

8.9.1 本章各案例涉及的软件技巧和知识点

ENVI 软件操作	章节部分
Supervised Classification 工具，利用 POI 进行监督分类	8.4.1.1
Change Detection Statistics 对区域数据变化情况进行分析	8.5
SPSSpro 平台操作	章节部分
利用关联分析计算各变量间的关联度	8.7.1
利用预测模型根据现有数据拟合并进行预测	8.7.2
知识点	章节部分
利用 SVM 进行监督分类的方法	8.4
碳排放测算指标及计算方法	8.6

8.9.2 本章各案例涉及的影像数据和过程数据索引

[1] 8.3.1 中案例——Landsat Collection 2 Level-1 案例影像

[2] 8.3.2 中案例——Landsat 辐射定标数据

[3] 8.3.3 中案例—— Landsat 大气校正数据及矢量数据

[4] 8.4.1 中案例——Landsat 影像裁剪数据及 ROI 数据

[5] 8.4.2 中案例——监督分类数据

[6] 8.7.1 中案例——碳汇数据、碳排放风险指数数据和碳排放压力指数数据

第 9 章

基于 GIS 的冬小麦面积提取

农情监测是对农业资源、环境与农业生产过程的监测，关系到国家安全、主要农产品供给、社会安定与农业可持续发展。河南省作为我国农业大省，有着大面积的冬小麦种植区域，大面积快速准确的冬小麦种植面积信息对于粮食估产具有重大意义（李艳 等，2017）。

本章案例将利用 MODIS 卫星产品中的 NDVI 指数影像等数据，实现基于 GIS 的冬小麦面积提取。

9.1 主要内容与技术路线

利用预处理得到的研究区 MODIS 影像进行冬小麦生长趋势分析和面积提取。

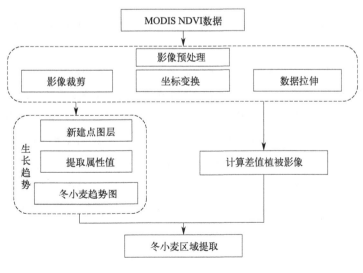

图 9-1 技术路线

其中预处理主要有影像裁剪、坐标变换和数据拉伸，通过对采样点进行属性值提取和分析，得到合适阈值，从而实现影像上冬小麦区域的提取。

技术路线如图 9-1 所示。

9.2 研究区概况

研究区位于中国中部某省，大部分地处暖温带，南部跨亚热带，属北亚热带向暖温带过渡的大陆性季风气候，同时还具有自东向西、由平原向丘陵山地气候过渡的特征，具有四季分明、雨热同期、复杂多样和气象灾害频繁的特点。研究区由南向北年平均气温为 10.5~16.7℃，年均降水量 407.7~1295.8mm，降雨以 6~8 月份最多，年均日照 1285.7~2292.9h，全年无霜期 201~285 天，适宜多种农作物生长。

9.3 数据简介

9.3.1 获取途径

MODIS 数据以免费形式发放，主要有以下两种获取途径。

① LAADS DAAC 网站下载：LAADS DAAC search，LAADS DAAC archive 和 LP DAAC。

② 地理空间数据云下载。

9.3.2 数据格式

按数据产品特征划分，主要产品包括校正数据产品、陆地数据产品、海洋数据产品和大气数据产品。

本部分案例的 MODIS 数据选用的是 MYD13Q1 250M 植被指数 16 天合成的产品，该数据的空间分辨率为 250m，时间分辨率为 16 天，投影方式为正弦曲线投影；该产品除包含归一化植被指数 NDVI 外，还包含一个新的植被指数 EVI，即增强型植被指数，提供了不同时相的遥感影像和植被指数时间序列变化数据，利于植被和农作物的区分判读以及获取作物长势动态变化信息（李红梅 等，2011）。本实验所选用的指数产品为归一化植被指数 NDVI，所使用的数据时间为 2009 年 10 月 8 日至 2010 年 6 月 18 日，由于天气原因，2009 年 11 月 9 日的数据被筛除。

9.4 数据预处理

9.4.1 加载影像

9.4.1.1 步骤1：文件夹链接

双击桌面 ArcMap 图标，进入 ArcMap 主界面。在 Catalog 窗口内的 Folder Connections 选项上点击右键，选择 Connect To Folder（图9-2），在弹出的窗口中选择原始数据文件夹，点击确定。

图 9-2　链接到文件夹

9.4.1.2 步骤2：加载矢量数据

选择研究区行政边界的矢量数据，将其加载到数据视图中。

加载数据有2种方法：①直接从链接文件夹中点击待加载数据拖动至数据视图框中；②点击菜单栏上的 ✚ ▾ 添加数据按钮，在弹出的窗口中找到待加载数据后点击 Add，数据就会加载到图层中。

> 说明1：存放数据的文件夹必须要链接，否则数据无法加载。
> 说明2：数据视图窗口的坐标系与第一个加载的数据坐标系一致，其后加载的数据若与第一个不同，则会弹出警告，并自动变换坐标系，但是该数据的坐标系不会变换。

9.4.1.3 步骤3：加载 MODIS 数据

加载 MODIS 数据的方法与加载矢量数据的方法相同。首次加载 MODIS 数据时，需要选择加载的子数据集（图9-3），此处选择 subdataset0，点击 OK。

由于 MODIS 数据是栅格数据，在初次加载时需要建立金字塔（图9-4），点击 Yes，开始建立金字塔。

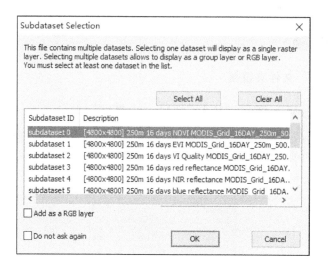

图 9-3 选择加载的子数据集窗口

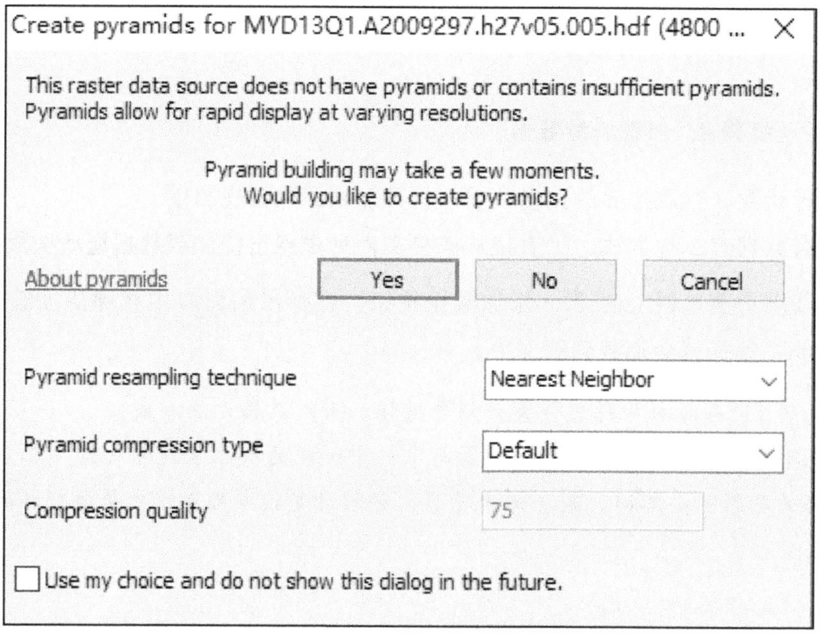

图 9-4 建立金字塔窗口

由于 MODIS 数据的坐标系与矢量数据不一致，因此会弹出警告窗口（图 9-5），关闭警告窗口，MODIS 数据中的 NDVI 数据会在数据视图窗口中显示。

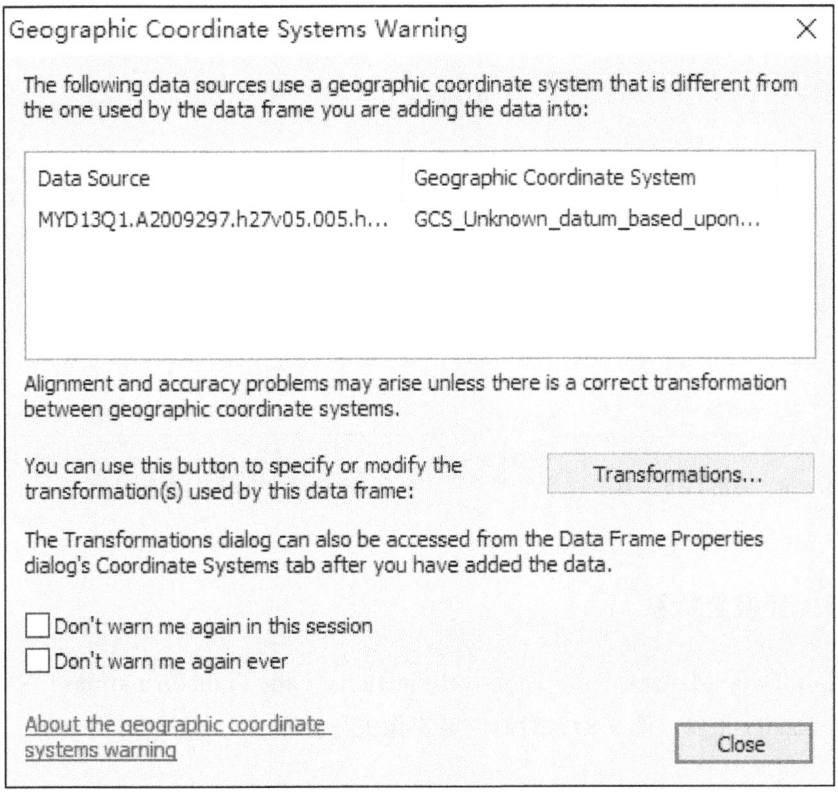

图 9-5 坐标系不一致的警告窗口

说明 1：栅格数据首次加载时都需要建立金字塔，之后再使用时则不需要。

说明 2：使用工具生成的栅格数据会自动加载到图层，此过程会自动建立金字塔但是不会有窗口提示。

说明 3：在提示建立金字塔窗口界面时，可以选择重采样方法和压缩类型。

9.4.2 裁剪 MODIS 数据

使用 Data Management Tools—Raster—Raster Processing—Clip 工具（图 9-6），对 MODIS 影像进行裁剪。

在 Input Raster 内选择待裁剪的影像，在 Output Extent 内选择研究区的矢量图层，勾中 Use Input Features for Clipping Geometry 前的复选框，设置保存路径并命名（图 9-7），得到研究区域的 NDVI 影像。

图 9-6　调用 Clip 工具

图 9-7　Clip 工具参数设置

9.4.3　变换坐标系

使用 Data Management Tools—Projections and Transformations—Raster—Project Raster 工具（图 9-8），对研究区影像进行投影。

图 9-8　调用 Project Raster 工具

在 Input Raster 内选择裁剪后的影像，在 Output Rater Dataset 内设置保存路径及命名，在 Output Coordinate System 内设置投影坐标系，使其与矢量图层保持一致（图 9-9），点击 OK，得到投影后研究区域的 NDVI 影像。

图 9-9　Project Raster 工具参数设置界面

> 说明：对原始影像进行投影和裁剪没有先后之分，先裁剪后投影数据量会减少，速度更快，故而先对影像进行裁剪，后投影变换坐标系。

9.4.4　数据拉伸

使用 Spatial Analyst Tools—Map Algebra—Raster Calculator 工具（图 9-10），对影像进行拉伸。

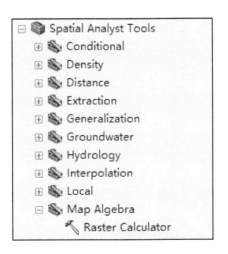

图 9-10　调用 Raster Calculator 工具

以裁剪投影后的 2009 年 10 月 8 日的影像为例，在空白框内输入 Float(20091008_pro.tif)/10000，在 Output raster 内设置保存路径及命名（图 9-11），点击 OK，得到真实数值的 NDVI 影像，全过程的时间序列影像如表 9-1 所列。

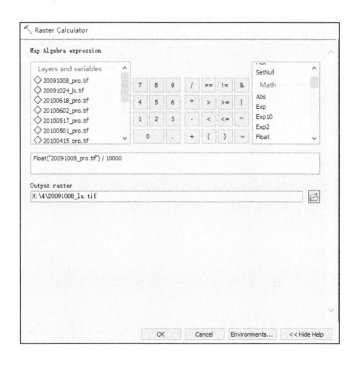

图 9-11 Raster Calculator 工具参数设置界面

表 9-1 时间序列影像名称对照表

原始影像	裁剪研究区	投影坐标系	数据归一化
MYD13Q1.A2009281.h27v05.005.hdf	20091008.tif	20091008_pro.tif	20091008_ls.tif
MYD13Q1.A2009297.h27v05.005.hdf	20091024.tif	20091024_pro.tif	20091024_ls.tif
MYD13Q1.A2009329.h27v05.005.hdf	20091125.tif	20091125_pro.tif	20091125_ls.tif
MYD13Q1.A2009361.h27v05.005.hdf	20091227.tif	20091227_pro.tif	20091227_ls.tif
MYD13Q1.A2010009.h27v05.005.hdf	20100109.tif	20100109_pro.tif	20100109_ls.tif
MYD13Q1.A2010025.h27v05.005.hdf	20100125.tif	20100125_pro.tif	20100125_ls.tif
MYD13Q1.A2010041.h27v05.005.hdf	20100210.tif	20100210_pro.tif	20100210_ls.tif
MYD13Q1.A2010057.h27v05.005.hdf	20100226.tif	20100226_pro.tif	20100226_ls.tif
MYD13Q1.A2010073.h27v05.005.hdf	20100314.tif	20100314_pro.tif	20100314_ls.tif
MYD13Q1.A2010089.h27v05.005.hdf	20100330.tif	20100330_pro.tif	20100330_ls.tif
MYD13Q1.A2010105.h27v05.005.hdf	20100415.tif	20100415_pro.tif	20100415_ls.tif
MYD13Q1.A2010121.h27v05.005.hdf	20100501.tif	20100501_pro.tif	20100501_ls.tif
MYD13Q1.A2010137.h27v05.005.hdf	20100517.tif	20100517_pro.tif	20100517_ls.tif
MYD13Q1.A2010153.h27v05.005.hdf	20100602.tif	20100602_pro.tif	20100602_ls.tif
MYD13Q1.A2010169.h27v05.005.hdf	20100618.tif	20100618_pro.tif	20100618_ls.tif

9.5 选择采样点，分析冬小麦生长趋势

9.5.1 步骤1: 新建点图层

在路径文件夹上右击，选择 New 下的 Shapefile（图 9-12），新建点图层。

设置新图层的名称为采样点，类型为点，坐标系与研究区矢量图层坐标一致（图 9-13），点击 OK。

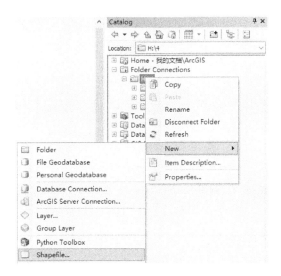

图 9-12　新建矢量数据

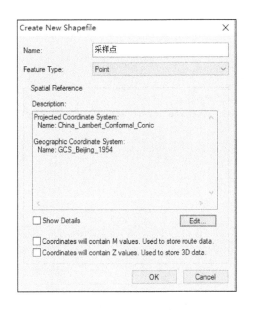

图 9-13　新建矢量数据参数设置界面

9.5.2 步骤 2: 提取属性值

打开编辑器，结合历史影像进行目视解译，在耕地区域选择一定数量的样本点。选择 Spatial Analyst Tools—Extraction—Extract Multi Values to Points 工具（图 9-14），在 Input point features 选择编辑后的采样点图层，在 Input rasters 内依次选择预处理后的 NDVI 影像，并设置输出的字段名称（图 9-15），点击 OK。

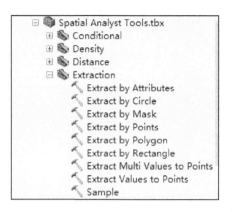

图 9-14 调用 Extract Multi Values to Points 工具

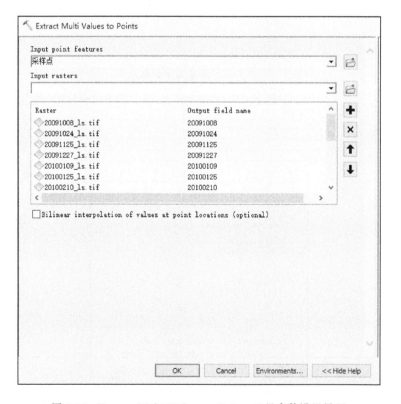

图 9-15 Extract Multi Values to Points 工具参数设置界面

9.5.3 步骤 3: 导出属性表，获取冬小麦趋势图

打开属性表，点击 Table Options 按钮，导出属性表（图 9-16）。

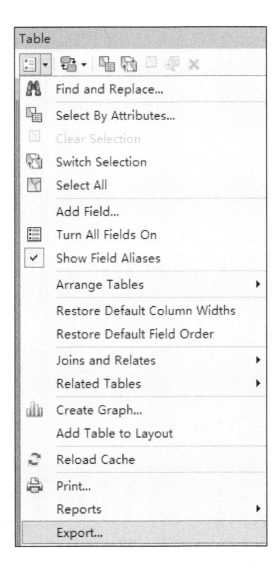

图 9-16　导出属性表

将导出的属性表类型设置为文本文件，并命名为采样点（图 9-17）。

用 Excel 打开导出的文本文件，并对每个日期的样本点求平均值，得到冬小麦生长期 NDVI 趋势图（图 9-18）。

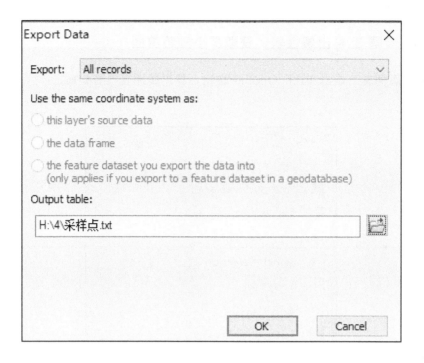

图 9-17 导出属性表参数设置界面

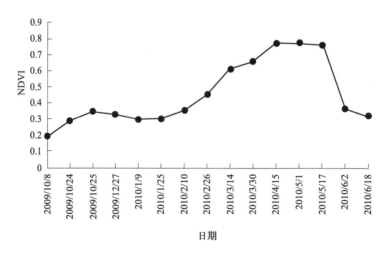

图 9-18 冬小麦生长期 NDVI 趋势图

9.6 冬小麦提取

9.6.1 步骤 1: 计算差异植被影像

使用 Spatial Analyst Tools—Map Algebra—Raster Calculator 工具，在空白框

内输入"20100415_ls.tif"和"20100210_ls.tif",在 Output rater 内设置保存路径命名为 cz.tif(图 9-19),点击 OK,得到差异植被影像。

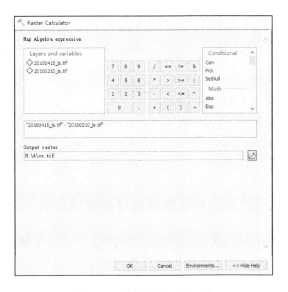

图 9-19 计算差异植被影像

9.6.2 步骤 2: 设置阈值,提取冬小麦

使用 Spatial Analyst Tools/Map Algebra/Raster Calculator 工具,在空白框内输入"cz.tif">0.335,在 Output raster 内设置保存路径命名为 dxm.tif(图 9-20),点击 OK,得到冬小麦影像。

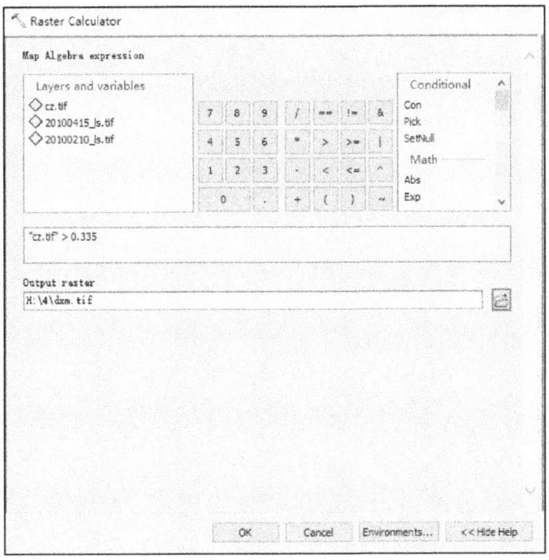

图 9-20 冬小麦提取

9.7 索引

9.7.1 本章各案例涉及的软件技巧和知识点

ArcGIS 软件操作	章节部分
利用 Project Raster 工具进行坐标系变换	9.4.3
Extract Multi Values to Points 工具进行属性值提取	9.5.2
知识点	章节部分
利用 NDVI 差异进行植被提取的方法	9.6

9.7.2 本章各案例涉及的影像数据和过程数据索引

[1] 9.4.2 中案例——MODIS NDVI 案例影像、研究区域矢量数据

[2] 9.4.3 中案例——MODIS NDVI 裁剪影像

[3] 9.4.3 中案例——MODIS NDVI 投影变换影像 20091008_pro.tif

[4] 9.5 中案例——MODIS NDVI 数据拉伸影像及采样点

[5] 9.6 中案例——MODIS NDVI 数据拉伸影像 20100415_ls.tif 及 20100210_ls.tif

参 考 文 献

白亮. 定量遥感技术在福建省大气环境监测中的应用 [J]. 引进与咨询, 2006 (06): 71-73.

蔡志文, 何真, 王文静, 等. 基于多源国产高分卫星时空信息的米级分辨率耕地提取 [J]. 遥感学报, 2022, 26 (07): 1368-1382.

曹飞, 穆宝慧, 徐丹, 等. 遥感技术在环境变化监测中的应用进展 [J]. 环境与可持续发展, 2020, 45 (02): 96-99.

曹国东. 遥感技术在大气环境监测中的应用 [J]. 内蒙古科技与经济, 2010 (07): 57, 59.

陈颖彪, 郑子豪, 吴志峰, 等. 夜间灯光遥感数据应用综述和展望 [J]. 地理科学进展, 2019, 38 (02): 205-223.

陈云浩, 史培军, 李晓兵. 基于遥感和 GIS 的上海城市空间热环境研究 [J]. 测绘学报, 2002 (02): 139-144.

方精云, 陈安平, 郭兆迪, 等. 1981~2000 年中国陆地植被碳汇的估算 [J]. 中国科学: D 辑, 2007, 37 (6): 804-812.

古晓威, 陈帮乾, 云挺, 等. 基于多源遥感数据的海南岛 2007—2018 年森林时空变化研究 [J]. 热带作物学报, 2022, 43 (02): 418-429.

郭继强, 潘洁. 基于 CA-Markov 模型的南京市热环境格局演变及预测分析 [J]. 大气与环境光学学报, 2020, 15 (02): 143-153.

郭铌. 植被指数及其研究进展 [J]. 干旱气象, 2003 (04): 71-75.

郭睿妍, 田佳, 杨志玲, 等. 基于 GEE 平台的黄河流域森林植被净初级生产力时空变化特征 [J]. 生态学报, 2022, 42 (13): 5437-5445.

胡华浪, 陈云浩, 宫阿都. 城市热岛的遥感研究进展 [J]. 国土资源遥感, 2005, (03): 8-12, 16.

黄华国. 林业定量遥感研究进展和展望 [J]. 北京林业大学学报, 2019, 41 (12): 1-14.

黄远林, 邓开元, 任超, 等. 一种新的水体指数及其稳定性研究 [J]. 地球物理学进展, 2020, 35 (03): 829-835.

贾海峰, 刘雪华. 环境遥感原理与应用 [M]. 北京: 清华大学出版社, 2006.

景勇, 左玲丽, 彭文甫. 四川盆地西北部土地利用碳排放时空变化分析: 以绵阳市为例 [J]. 环境科学与技术, 2021, 44 (6): 172-185.

康尧, 郭恩亮, 王永芳, 等. 温度植被干旱指数在蒙古高原干旱监测中的应用 [J]. 应用生态学报, 2021, 32 (07): 2534-2544.

莱森光学. 常见的地物光谱曲线分类 [EB/OL]. 2021-08-06.

李丹, 吴保生, 陈博伟, 等. 基于卫星遥感的水体信息提取研究进展与展望 [J]. 清华大学学报 (自然科学版), 2020, 60 (02): 147-161.

李德仁, 罗晖, 邵振峰. 遥感技术在不透水层提取中的应用与展望 [J]. 武汉大学学报 (信息科学版), 2016, 41 (05): 569-577, 703.

李海萍, 龙志航, 杨滋恒, 等. 基于 Logistic 模型的四川凉山州森林火灾风险分析 [J]. 安全与环境学报, 2021, 21 (02): 498-505.

李红梅, 张树誉, 王钊. MODIS 卫星 NDVI 时间序列变化在冬小麦面积估算中的应用分析 [J]. 气象与环境科学, 2011, 34 (03): 46-49.

李军, 张维, 许欣. 基于 Sentinel-1 的洞庭湖区洪涝灾害信息提取与分析 [J]. 安徽农学通报, 2020, 26 (19): 151-153.

李小文, 刘素红. 遥感原理与应用 [M]. 北京: 科学出版社, 2008.

李艳, 张红利. 基于MODIS-NDVI时间序列的河南省冬小麦种植信息提取与分析 [J]. 赤峰学院学报（自然科学版）, 2017, 33 (02): 31-33.

李益敏, 吴博闻, 刘师旖, 等. 泸水市增强型不透水面指数的时空演变分析 [J]. 测绘科学, 2022, 47 (05): 144-149.

廖凯涛, 习晓环, 王成, 等. 利用资源三号卫星数据提取经济林研究 [J]. 地理空间信息, 2016, 14 (5): 3.

刘航, 申格, 黄青. 近10年武汉市城市热岛效应演变及其与土地利用变化的关系 [J]. 长江流域资源与环境, 2017, 26 (9): 1466-1475.

刘清旺, 谭炳香, 胡凯龙, 等. 机载激光雷达和高光谱组合系统的亚热带森林估测遥感试验 [J]. 高技术通讯, 2016, 26 (03): 264-274.

陆吉贵. 利用组合水体指数（NCIWI）提取水体信息研究 [J]. 安徽农业科学, 2018, 46 (03): 49-52.

罗亚, 徐建华, 岳文泽. 基于遥感影像的植被指数研究方法述评 [J]. 生态科学, 2005 (01): 75-79.

梅安新, 彭望琭, 秦其明, 等. 遥感导论 [M]. 北京: 高等教育出版社, 2001.

明冬萍, 王群, 杨建宇. 遥感影像空间尺度特性与最佳空间分辨率选择 [J]. 遥感学报, 2008 (04): 529-537.

莫伟华, 孙涵, 钟仕全, 等. MODIS水体指数模型（CIWI）研究及其应用 [J]. 遥感信息, 2007 (05): 16-21+104-105.

穆亚超, 颉耀文, 张玲玲, 等. 一种新的增强型不透水面指数 [J]. 测绘科学, 2018, 43 (02): 83-87.

牛陆, 张正峰, 彭中, 等. 中国地表城市热岛驱动因素及其空间异质性 [J]. 中国环境科学, 2022, 42 (2): 945-953.

潘剑君, 张桃林, 赵其国. 应用遥感技术研究余江县土壤侵蚀时空演变 [J]. 土壤侵蚀与水土保持学报, 1999 (04): 81-84.

潘力, 夏浩铭, 王瑞萌, 等. 基于Google Earth Engine的淮河流域越冬作物种植面积制图 [J]. 农业工程学报, 2021, 37 (18): 211-218.

彭少麟, 周凯, 叶有华, 等. 城市热岛效应研究进展 [J]. 生态环境, 2005 (04): 574-579.

濮毅涵, 张栋, 徐丹丹, 等. Sentinel-2A红边波段对湖滨带植被分类能力的评估 [J]. 林业资源管理, 2021 (02): 131-139.

邱国玉, 张晓楠. 21世纪中国的城市化特点及其生态环境挑战 [J]. 地球科学进展, 2019, 34 (06): 640-649.

沙晋明. 遥感原理与应用 [M]. 北京: 科学出版社, 2017.

沈文娟, 李明诗. 基于长时间序列Landsat影像的南方人工林干扰与恢复制图分析 [J]. 生态学报, 2016, 37 (5): 1438-1449.

沈文娟, 李明诗, 黄成全. 长时间序列多源遥感数据的森林干扰监测算法研究进展 [J]. 遥感学报, 2018, 22 (6): 1005-1022.

石洪昕, 穆兴民, 张应龙, 等. 四川省广元市不同土地利用类型的碳排放效应研究 [J]. 水土保持通报, 2012, 32 (3): 101-106.

宋佳音, 赵越, 宋文龙, 等. 应用车载双激光雷达系统构建的林分高度测算方法 [J]. 森林工程, 2022, 38 (02): 80-86.

宋奇, 冯春晖, 高琪, 等. 阿拉尔垦区近30年耕地变化及其驱动因子分析 [J]. 国土资源遥感, 2021, 33 (02): 202-212.

苏伟, 张明政, 蒋坤萍, 等. Sentinel-2卫星影像的大气校正方法 [J]. 光学学报, 2018, 38 (1): 1-10.

孙家抦, 倪玲, 周军其, 等. 遥感原理与应用 [M]. 武汉: 武汉大学出版社, 2013.

孙儒泳. 动物生态学原理 [M]. 3版. 北京：北京师范大学出版社，2006.

孙贤斌. 安徽省会经济圈土地利用变化的碳排放效益 [J]. 自然资源学报，2012，27（3）：394-401.

田庆久，闵祥军. 植被指数研究进展 [J]. 地球科学进展，1998（04）：10-16.

童庆禧，孟庆岩，杨杭. 遥感技术发展历程与未来展望 [J]. 城市与减灾，2018，6：2-11.

万华伟，李静，王昌佐，等. 遥感技术在突发自然灾害生态影响监测和评估中的应用研究 [J]. 环境与可持续发展，2014，39（05）：28-30.

王大钊，王思梦，黄昌. Sentinel-2和Landsat 8影像的四种常用水体指数地表水体提取对比 [J]. 国土资源遥感，2019，31（03）：157-165.

王福涛，王世新，周艺，等. 多光谱遥感在重大自然灾害评估中的应用与展望 [J]. 光谱学与光谱分析，2011，31（03）：577-582.

王建，潘竞虎，王丽红. 基于遥感卫星图像的ATCOR2快速大气纠正模型及应用 [J]. 遥感技术与应用，2002，17（4）：193-197.

王人潮. 农业信息科学与农业信息技术 [M]. 北京：中国农业出版社，2003.

王淑荣，李福田，曲艺. 空间紫外光学遥感技术与发展趋势 [J]. 中国光学，2009，2（1）：17-22.

翁伯琦，徐晓俞，罗旭辉，等. 福建省长汀县水土流失治理模式对绿色农业发展的启示 [J]. 山地学报，2014，32（2）：141-149.

吴北婴. 大气辐射传输实用算法 [M]. 北京：气象出版社，1998.

吴炳方，张淼. 从遥感观测数据到数据产品 [J]. 地理学报，2017，72（11）：2093-2111.

吴志杰，赵书河. 基于TM图像的"增强的指数型建筑用地指数"研究 [J]. 国土资源遥感，2012（02）：50-55.

徐代升，王元樟. 基于图形的黑体辐射三大基本定律关系阐述 [J]. 物理与工程，2012，22（5）：8-11.

徐涵秋. 城市遥感生态指数的创建及其应用 [J]. 生态学报，2013，33（24）：7853-7862.

徐涵秋. 基于压缩数据维的城市建筑用地遥感信息提取 [J]. 中国图象图形学报，2005（02）：223-229.

徐涵秋. 利用改进的归一化差异水体指数（MNDWI）提取水体信息的研究 [J]. 遥感学报，2005（05）：589-595.

徐涵秋. 区域生态环境变化的遥感评价指数 [J]. 中国环境科学，2013，33（05）：889-897.

徐涵秋. 水体遥感指数研究进展 [J]. 福州大学学报（自然科学版），2021，49（05）：613-625.

徐涵秋. 一种快速提取不透水面的新型遥感指数 [J]. 武汉大学学报（信息科学版），2008（11）：1150-1153＋1211.

徐涵秋，王美雅. 地表不透水面信息遥感的主要方法分析 [J]. 遥感学报，2016，20（05）：1270-1289.

徐庆，马骁，蒋琦，等. 水稻叶片含水量的高光谱遥感估算 [J]. 遥感信息，2018，33（05）：1-8.

严慈，侯兰功. 基于灰色理论的陕西省土地利用变化及其碳排放研究 [J]. 西安理工大学学报，2021，37（1）：25-31.

严四英，翁白莎，景兰舒，等. 淮河流域干旱的时空分布特征 [J]. 中国农村水利水电，2021（04）：160-165＋170.

杨宝钢，陈昉，罗孳孳. 基于MODIS的改进型组合水体指数（MCIWI）提取复杂水体信息的试验 [J]. 西南大学学报（自然科学版），2011，33（01）：112-119.

杨辰，沈润平，郁达威，等. 利用遥感指数时间序列轨迹监测森林扰动 [J]. 遥感学报，2013，17（5）：1246-1263.

杨建锋，马军成，王令超. 基于多光谱遥感的耕地等别识别评价因素研究 [J]. 农业工程学报，2012，28（17）：7.

杨眉，王世新，周艺，等. DMSP/OLS夜间灯光数据应用研究综述 [J]. 遥感技术与应用，2011，26（01）：

45-51.

姚昆,周兵,何磊,等.川西南山地区2000—2018年土壤侵蚀时空动态变化特征[J].水土保持通报,2021,41(04):224-230,251.

于丰华,曹英丽,许童羽,等.基于高光谱遥感处方图的寒地分蘖期水稻无人机精准施肥[J].农业工程学报,2020,36(15):103-110.

查勇,倪绍祥,杨山.一种利用TM图像自动提取城镇用地信息的有效方法[J].遥感学报,2003(01):37-40,82.

张兵.当代遥感科技发展的现状与未来展望[J].中国科学院院刊,2017,32:774-784.

张仁华,饶农新,廖国男.植被指数的抗大气影响探讨[J].植物学报,1996(01):53-62.

张莹,李正强,赵少华,等.大气环境卫星污染气体和大气颗粒物协同观测综述[J].遥感学报,2022,26(05):873-896.

张永生.遥感系统分辨率的辨析与评测[J].遥感信息,2022,37(01):1-7.

赵英时.遥感应用分析原理与方法[M].北京:科学出版社,2013.

赵忠明,高连如,陈东,等.卫星遥感及图像处理平台发展[J].中国图象图形学报,2019,24:2098-2110.

郑伟,曾志远.遥感图像大气校正方法综述[J].遥感信息,2004,4:66-70.

周红妹,周成虎,葛伟强,等.基于遥感和GIS的城市热场分布规律研究[J].地理学报,2001(02):189-197.

周楠,杨鹏,魏春山,等.地块尺度的山区耕地精准提取方法[J].农业工程学报,2021,37(19):260-266.

朱艾莉,吕成文.城市不透水面遥感提取方法研究进展[J].安徽师范大学学报(自然科学版),2010,33(05):485-489.

朱建章,石强,陈凤娥,等.遥感大数据研究现状与发展趋势[J].中国图象图形学报,2016,21:1425-1439.

朱京平.光电子技术基础[M].北京:科学出版社,2018.

邹尚辉.植被资源调查中最佳时相遥感图象的选择研究[J].Journal of Integrative Plant Biology,1985(05):525-531.

Blackburn G A. Quantifying chlorophylls and caroteniods at leaf and canopy scales: An evaluation of some hyperspectral approaches [J]. 1998, 66 (3): 273-285.

Bouvier M, Durrieu S, Fournier R A, et al. Generalizing predictive models of forest inventory attributes using an area-based approach with airborne LiDAR data [J]. Remote Sens Environ, 2015, 156: 322-334.

Carlson T N, Arthur S T. The impact of land use—Land cover changes due to urbanization on surface microclimate and hydrology: A satellite perspective [J]. Global & Planetary Change, 2000, 25 (1): 49-65.

Carlson T N, Ripley D A. On the relation between NDVI, fractional vegetation cover, and leaf area index [J]. Remote Sensing of Environment, 1997, 62 (3): 241-252.

Chester L A, Gibbons C J. Impervious surface coverage: the emergence of a key environmental indicator [J]. Journal of the American Planning Association, 1996, 62 (2): 243-258.

Coppin P R, Bauer M E. Change detection in forest ecosystems with remote sensing digital imagery [J]. British Journal of Psychiatry the Journal of Mental Science, 1996, 200 (2): 161.

Donaldson D, Storeygard A. The view from above: applications of satellite data in economics [J]. Journal of Economic Perspectives, 2016, 30: 171-198.

Edwards D P, Tobias J A, Sheil D, et al. Maintaining ecosystem function and services in logged tropical forests [J]. Trends in Ecology & Evolution, 2014, 9 (9): 511-520.

ESA. Sen2Cor Configuration and User Manual (S2-PDGS-MPC-L2A-SUM-V2. 5. 5; Issue 2). 2018-04-06. http://step.esa.int/thirdparties/sen2cor/2.5.5/docs/S2-PDGS-MPC-L2A-SUM-V2.5.5_V2.pdf.

ESA. Sen2Cor Configuration and User Manual (S2-PDGS-MPC-L2A-SUM-V2. 8; Issue 2). 2019-02-05. http://step.esa.int/thirdparties/sen2cor/2.8.0/docs/S2-PDGS-MPC-L2A-SUM-V2.8.pdf.

Fahey T J, Woodbury P B, Battles J, et al. Forest carbon storage: ecology, management, and policy [J]. Frontiers in Ecology & the Environment, 2010, 8 (5): 245-252.

Feyisa G L, Meilby H, Fensholt R, et al. Automated water extraction index: A new technique for surface water mapping using Landsat imagery [J]. Remote Sensing of Environment, 2014, 140: 23-35.

Fisher, Adrian, Danaher, et al. Comparing Landsat water index methods for automated water classification in eastern Australia [J]. Remote Sensing of Environment: An Interdisciplinary Journal, 2016, 175: 167-182.

Gallo K P, Mcnab A L, Karl T R, et al. The use of a vegetation index for assessment of the urban heat island effect [J]. International Journal of Remote Sensing, 1993, 14 (11): 2223-2230.

Gamon J A, Peñuelas J, Field C B. A narrow-waveband spectral index that tracks diurnal changes in photosynthetic efficiency [J]. Remote Sensing of Environment, 1992, 41 (1): 35-44.

Gilabert M A, Moreno A, Maselli F, et al. Daily GPP estimates in Mediterranean ecosystems by combining remote sensing and meteorological data [J]. ISPRS Journal of Photogrammetry and Remote Sensing, 2015, 102: 184-197.

Giri C P. Remote sensing of land use and land cover: Principles and applications [C]. Boca Raton: CRC Press, 2012.

Gu L, Shuai Y, Shao C, et al. Angle effect on typical optical remote sensing indices in vegetation monitoring [J]. Remote Sensing, 2021, 13 (9): 1699-1719.

Hayashi M, Saigusa N, Oguma H, et al. Quantitative assessment of the impact of typhoon disturbance on a Japanese forest using satellite laser altimetry [J]. Remote Sensing of Environment, 2015, 156: 216-225.

Houghton R A. The annual net flux of carbon to the atmosphere from changes in land use 1850-1990 [J]. Tellus B: Chemical and Physical Meteorology, 1999, 51 (2): 298-313.

https://blog.csdn.net/jilli_jelly/article/details/113243672

Huang C, Goward S N, Masek J G, et al. An automated approach for reconstructing recent forest disturbance history using dense Landsat time series stacks [J]. Remote Sensing of Environment, 2010, 114 (1): 183-198.

Huete A R. A soil-adjusted vegetation index (SAVI) [J]. Remote Sensing of Environment, 1988.

Jackson R D, Slater P N, Pinter P J. Discrimination of growth and water stress in wheat by various vegetation indices through clear and turbid atmospheres [J]. Remote Sensing of Environment, 1983, 13 (3): 187-208.

Jordan C F. Derivation of leaf-area index from quality of light on the forest floor [J]. Ecology, 1969, 50 (4).

Kaufman Y J, Tanre D. Atmospherically resistant vegetation index (ARVI) for EOS-MODIS [J]. IEEE Transactions On Geoscience and Remote Sensing, 1992, 30 (2): 261-270.

Kauth R J, Thomas G S. The tasselled cap-A graphic description of the spectral-temporal development of agricultural crops as seen by Landsat [J]. Machine Processing of Remotely sensed data, 1976.

Kavzoglu T, Colkesen I, Yomralioglu T. Object-based classification with rotation forest ensemble learning algorithm using very-high-resolution WorldView-2 image [J]. Remote Sensing Letters, 2015, 6 (11): 834-843.

Kennedy R E, Yang Z Q, Cohen W B. Detecting trends inforest disturbance and recovery using yearly Landsat time series: 1. LandTrendr—Temporal segmentation algorithms [J]. RemoteSensing of Environment, 2010, 114 (12): 2897-2910.

Kumar A, Devi M, Deshmukh B. Integrated remote sensing and geographic information system based RUSLE modelling for estimation of soil loss in western himalaya, India [J]. Water Resources Management, 2014, 28 (10): 3307-3317.

Lillesand T, Kiefer R W, Chipman J. Remote Sensing and Image Interpretation [C]. Hoboken: John Wiley & Sons, 2015.

Mcfeeters S K. The use of the normalized difference water index (NDWI) in the delineation of open water features [J]. International Journal of Remote Sensing, 1996, 17 (7): 1425-1432.

Peñuelas J, Filella I, Gamon J A. Assessment of Photosynthetic Radiation-Use Efficiency with Spectral Reflectance [J]. New Phytologist, 1995, 131 (3): 291-296.

Qi J G, Chehbouni A R, Huete A R, et al. A modified soil adjusted vegetation index [J]. Remote Sensing of Environment, 1994, 48 (2): 119-126.

Rhee J, Im J, Carbone G J. Monitoring agricultural drought for arid and humid regions using multi-sensor remote sensing data [J]. Remote Sensing of Environment, 2010, 114 (12): 2875-2887.

Sabins JR F F. Remote sensing: principles and interpretation [M]. San Francisco: Chevron Oil Field Research Co, 1986.

SNAP 操作手册: https://senbox.atlassian.net/wiki/spaces/SNAP/overview

SNAP 官方论坛: https://forum.step.esa.int/

Tapia-Silva F O, Itzerott S, Foerster S, et al. Estimation of flood losses to agricultural crops using remote sensing [J]. Physics & Chemistry of the Earth Parts A/b/c, 2011, 36 (7-8): 253-265.

Wardlow B D, Egbert S L, Kastens J H. Analysis of time-series MODIS 250m vegetation index data for crop classification in the U.S. Central Great Plains [J]. Remote Sensing of Environment, 2007, 108 (3): 290-310.

Wheeler S G, Misra P N, Holmes Q A. Linear dimensionality of Landsat agricultural data with implications for classification [J]. Purdue University, 1976.

Xu S. An approach to analyzing the intensity of the daytime surface urban heat island effect at a local scale [J]. Environmental Monitoring and Assessment, 2009, 151 (1-4): 289-300.

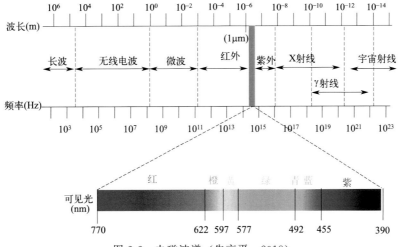

图 2-2　电磁波谱（朱京平，2018）

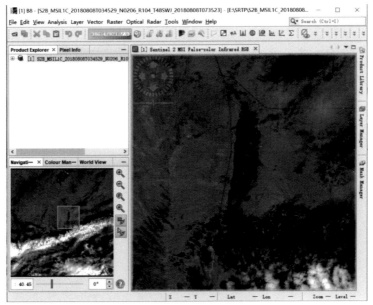

图 4-18　影像数据浏览界面

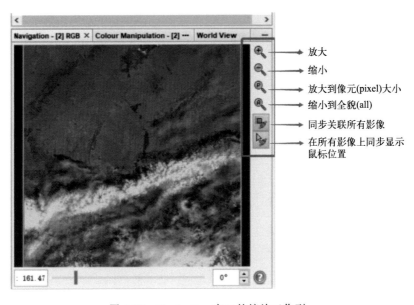

图 4-20　Navigation 窗口的缩放工作列

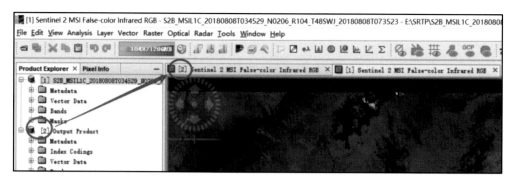

图 4-39　两幅影像显示的主界面

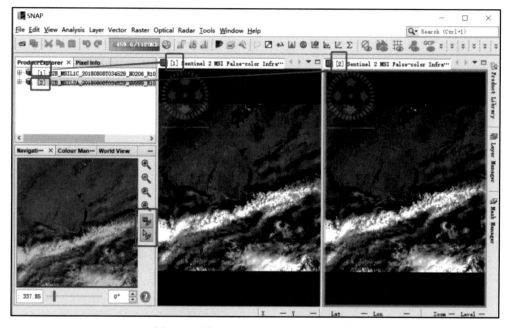

图 4-41　同时显示校正前后的影像界面

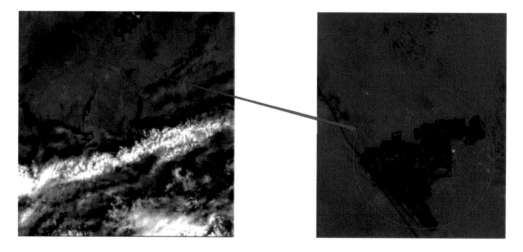

图 4-42　植被覆盖区示意图

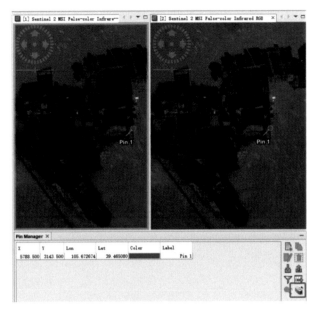

图 4-44　利用 Pin Management 的 Transfer 功能同步大头针

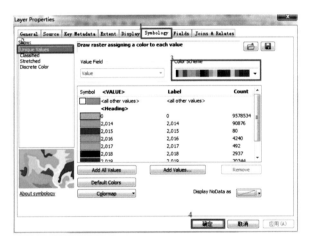

图 5-17　Layer Properties 面板

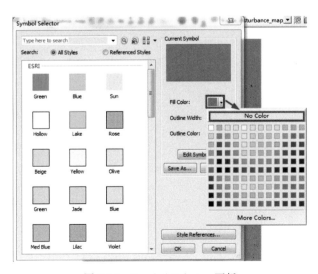

图 5-18　Symbol Selector 面板

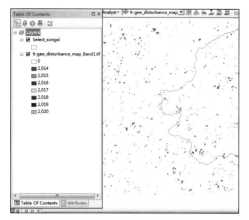

图 5-19 可视化处理结果

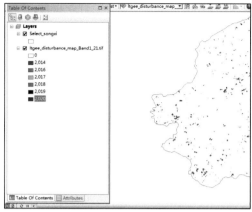

图 5-21 裁剪后的结果

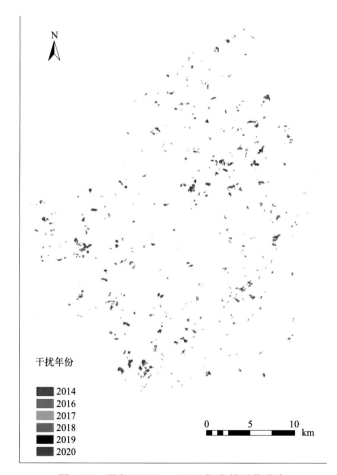

图 5-26 研究区 2014～2020 年森林干扰分布

图 5-29 干扰年份图对比

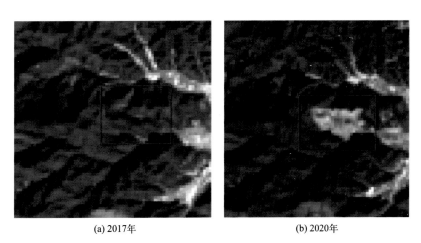

(a) 2017年　　　　　　　　　(b) 2020年

图 5-30 2017 年和 2020 年 Landsat 影像对比图

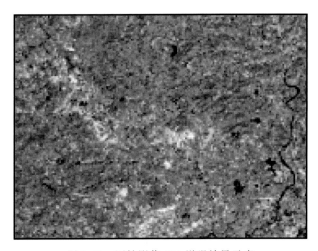

图 6-40 原始影像 564 增强效果示意

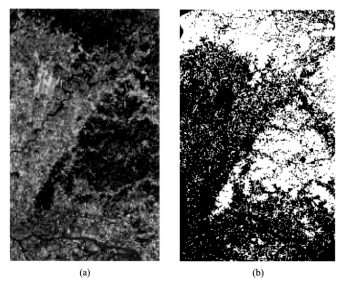

图 6-52 掩膜效果对比示意

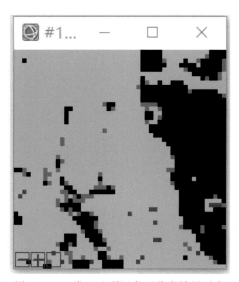

图 6-62 四类土地利用类型分类效果示意

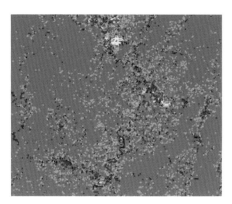

图 8-10 监督分类初始效果示意

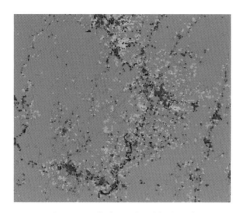

图 8-12 分类后处理效果示意